김치 100그램의 행복

한국과학기술한림원

- 과학기술에 전문적 경륜과 식견을 가진 석학들을 회원으로 엄선, 각 부문별 전문성을 효율적으로 활용함으로써 국가 과학기술의 진흥과 창달에 기여하기 위해 1994년에 설립되었습니다.
- 2005년 기초과학연구진흥법 제11조(한국과학기술한림원의 설립 등)에 의거 법정기구화되었습니다.
- 독립성, 자율성 및 전문성을 바탕으로 하는 순수 민간 과학아카데미로, 편견 없는 대정부 정책자문을 통해 올바른 과학기술정책의 수립을 유도하고 있으며, 범부처적 국가 과학기술정책에 대한 자문과 건의를 통한 과학기술발전의 장기적 비전을 제시하고 있습니다.
- 우리나라의 과학기술 선진국 진입을 위한 기초 과학기술 진흥사업을 수행하고 있으며, 외국 한림원 및 과학기술 국제기구 등과의 학술교류를 통해 과학기술 민간외교의 중심체 역할을 담당하고 있습니다.

김치 100그램의 행복

1판 1쇄 찍음 | 2016년 10월 5일
1판 1쇄 펴냄 | 2016년 10월 15일

지은이 | 최홍식
발행인 | 주정회
발행처 | 자유아카데미
등록 | 제 406-2003-017호, 1980. 7. 12

주소 | 경기도 파주시 회동길 37-42 파주출판도시
전화 | 031-955-1321
팩스 | 031-955-1322
홈페이지 | www.freeaca.com
전자우편 | main@freeaca.com(대표)
editor@freeaca.com(편집)
crm@freeaca.com(영업)

ISBN 979-11-5808-107-2 93590

한국과학기술한림원
『석학, 과학기술을 말하다』 시리즈 ㉔

김치 100그램의 행복

• 최홍식 지음 •

자유아카데미

감사의 말

이 책을 집필함에 있어서 길고 긴 시간 동안 많은 어려움을 겪었다. 그리고 직접 혹은 간접적으로 많은 분들의 도움을 받았다. 여기서 그 긴 시간과 어려웠던 일들을 구체적으로 밝힐 필요는 없을 것이다. 그러나 많은 분들에게서 받은 여러 가지 도움에 대한 감사의 말씀을 드리지 않을 수 없다.

무엇보다도 우리 전통문화 속에서 묵묵히 음식 만들기와 음식문화 발전에 기여한 모든 분들, 특히 김치와 관련되는 선조 어머니들, 그리고 음식전문가들에게 진심으로 감사를 드린다. 한국인의 식생활에서 김치의 존재는 너무나 크고 위대한데, 이 분들이 이러한 김치를 세계 5대 건강식품의 반열에 오르게 하였고 유네스코 인류무형문화재로 등제되는 영예를 안게 해 주었다.

또한 지난 1970년대 한국과학기술연구원(KIST) 연구실에서 근무할 때부터 한국음식에 관한 연구, 특히 쌀밥의 향미(香味), 김치 발효와 건강 기능성에 관심을 갖고 연구할 수 있었던 것은 지난날의 스승님, 선배님, 그리고 동료 여러

분들의 성원이 있었기에 가능하였다. 지금 이 모든 분들께 깊이 감사드린다.

특히 부산대학교 식품영양학과로 옮겨와 계속 김치에 관한 연구를 할 수 있었던 것은 내게 큰 행운이며 보람이었다. 더욱이 김치 관련 학술논문을 국내외적으로 계속 발표할 수 있음은 한국인 식품영양학자로서 큰 영광이요 보람이었다. 이에 선배님들, 동료 교수님들, 제자 여러분들께 진심으로 감사의 인사를 드린다. 김치는 세계 5대 건강식품으로, 또 유네스코 무형문화유산으로 등제되는 것 등 우리에겐 얼마나 중요한 전통 음식인가!

이 책에서는 많은 분들의 연구 결과를 참고문헌으로 이용하였으며, 지난 50여 년간의 연구결과들이 얼마나 귀중한 것인가를 우리 국민 모두에게 알려드리고자 노력하였다. 이 책에서 인용한 자료의 원저자 여러분께도 심심한 감사의 말씀을 드린다. 저술 작업을 하던 중, 때로 잠자고 있는 자료를 발견하였을 때는 이를 널리 알릴 수 있게 되었다는 보람을 느낄 수 있었다.

이 작업을 직접 이끌어주신 한국과학기술한림원 관계자 여러분께도 진심으로 감사드리며, 아울러 즐거운 마음으로 이 책의 출판을 맡아주신 자유아카데미 여러분께도 깊은 감사의 말씀을 드린다. 끝으로 이 저술 작업을 진행할 때 시종 가까이서 격려해주고 또 직접 교정까지 봐준 아내 이경숙 님, 아들 최찬익 교수, 딸 최미정 연구원에게도 감사의 인사를 보낸다.

2016년 10월

최홍식

차례

감사의 말 4

머리말 11

1. 김치 맛의 관능적 매력, 무엇에 끌리는가

• 김치의 관능적 요소는 무엇일까 19 • 미각을 통한 결정적인 유혹, 김치의 맛 26 • 누구도 자유로울 수 없는 느낌, 김치의 향기 31 • 가슴으로 듣는 소리, 김치의 조직감 34 • 빨간색의 매혹적인 조형미, 김치의 외관 38

2. 김치의 영양, 왜 특별할까

• 김치에 들어 있는 일반 영양 성분은 47 • 김치에 함유된 미네랄과 비타민 53 • 김치는 식이섬유소의 보고(寶庫)이다 58 • 현대인의 간편식품 과다 섭취와 영양 불균형 62 • '밥-국(또는 찌개)-김치'의 영양학적 균형 67

3. 김치의 놀라운 건강 기능성(1): 항산화 · 항노화 · 항동맥경화

• 식품 및 김치의 건강 기능성 73 • 김치의 건강 기능성 물질 76 • 김치의 항산화성 79 • 김치의 항노화 효능 87 • 김치의 항동맥경화성 및 혈전용해성 94

4. 김치의 놀라운 건강 기능성(2): 항비만 · 항암 · 기타 기능

• 김치는 비만 억제(다이어트) 기능이 있다 103 • 김치의 발암 억제와 항암 효능 108 • 김치의 항균성 및 기타 기능성 117

5. 김치 유산균의 위력, 발효와 건강 기능

• 김치 유산균을 알자 127 • 김치 발효와 유산균 131 • 최근 새로운 김치 유산균이 계속 발견된다 137 • 김치 유산균의 건강 기능성 140

6. 김치 재료의 선택과 조합, 이것은 과학이다

• 다양한 재료들의 아름다운 조합 149 • 주재료는 역시 배추와 무이다 154 • 가장 소중한 향신료, 고추와 마늘 160 • 젓갈의 맛, 그 매력 167

7. 절묘한 기술, 김치의 담금 방법

• 전통김치 담금에는 지역성과 계절성이 있었다 175 • 김치의 종류와 담금 절차 181 • 주요 김치의 담금 방법 186

8. 소금 절임 과정이 왜 중요할까

• 경이로운 존재, 소금 195 • 소금 절임, 왜 중요하며 어떻게 하나 201 • 절임 배추가 상품으로 유통되고 있다 208 • 나트륨 섭취 줄이기, 저염 김치 211

9. 김치의 오묘한 발효 과정

• 발효와 슬로푸드 217 • 김치 발효에서는 무슨 일이 일어나는가 221 • 김치 발효에 관여하는 미생물들 223 • 발효 단계와 이에 따른 김치 숙성 231

10. 김치 발효와 저장, 적당한 환경 조건이 있다

• 김치 발효의 환경 요인은 무엇인가 241 • 자연환경을 이용한 김장 기술의 오묘함 250 • 온도 전환으로 발효와 저장을 조절한다 256

11. 김치는 다른 나라 채소 절임식품보다 무엇이 특별한가

• 세계의 다양한 절임식품들 265 • 중국과 일본의 채소 절임식품 269 • 김치는 다른 나라 절임식품과 어떻게 다른가 275 • 최근 일본과 중국으로 건너 간 우리 김치 279

12. 김치는 위대한 문화유산, 발효식품의 걸작품

• 전통 김치무리의 탄생과 김치의 완성 287 • 전통 김장문화 293 • 서유구의 『임원십육지』에 담긴 김치류 296 • 새로운 김치문화의 등장과 김치의 산업화 299 • 김치의 풍성한 맛과 영양과 건강 기능을 먹자 302

참고문헌 305

머리말

김치 100그램을 먹는 진정한 행복

*

진지하게 생각해 보아야 할 것이 있다. 그것은 '나와 김치는 무슨 관계가 있는가?' 그리고 '우리는 왜 하루에 김치 100그램 이상을 먹어야 하는가?'이다. 이 두 가지 문제를 이해하기 위해서는 전통발효 김치의 매력, 힐빙(힐링+웰빙) 식품인 김치의 과학과 건강 효능에 대하여 제대로 살펴보아야 한다. 그리고 김치를 그만큼 먹어야 한다.

* *

김치는 우리의 위대한 문화유산이고 전통적인 채소발효식품이다. 우리나라 문화사에서 원시적인 김치무리가 태어난 것은 아주 오래전 삼국시대 이전이다. 지금부터 적어도 2000여 년 전의 일이다.

오래전 우리 선조들은 계절에 따라 자연에서 생산되는 무 등의 여러 가지 채소들을 소금에 절인 후 여기에 마늘 등을 더하여 김치무리를 담금하여 민족의 음식으로 삼았다. 이들은 시대의 흐름에 따라 더 다양해지고 과학화되었다. 그리고 조선 시대 후기에 들어와서 고추와 배추가 김치에 이용됨으로써 오늘날의 김치 모습으로 완성되었다. 김치무리 중에서도 배추김치는 가장 기호성이 높고 즐겨 먹는 대표적인 김치라고 할 수 있다. 이와 같은 전통적인 김치 담금의 김장문화가 자랑스럽게도 최근에 '유네스코 인류무형문화유산'으로 지정 되었다.

예로부터 우리 민족은 언제나 김치무리와 함께 식생활을 영위하였다. 이들은 가장 중요한 부식이자 주식인 밥의 반려자로 자리 잡았다. 전통적인 우리 상차림에서 김치와 밥과 국(또는 찌개)은 기본 요소로 등장하고 있으며 한국인의 밥상에는 예나 지금이나 항상 김치가 있다. 김치는 자연과 인체의 조화와 적응을 통하여 발전해 온 생명의 음식인 것이다.

한국인에게 김치는 무엇일까? 김치의 관능적인 매력, 우리는 김치의 무엇에 끌리는 것일까? 김치가 없는 밥상을 우리는 상상할 수 없다. 상 위에 김치가 없으면 먼저 섭섭한 마음부터 갖게 된다. 국내에서는 물론, 외국에서도 김치를 먹지 않으면 견디기 어렵다. 그것은 김치가 지니는 특별한 속성 때문이 아닐까? 우리에게 김치는 맛의 본향(本鄕)이며, 민족의 혼(魂)인 아리랑과 같은 것이며, 겨레의 먹거리이기 때문이다.

잠시 김치를 들여다보자. 갖가지 재료로 김치를 담근 후 일정시간 동안 김치독 안에서는 여러 가지 일들이 일어난다. 그 중에서도 가장 중요한 것은 유산균들에 의한 발효작용이라고 할 수 있다. 세계적으로 건강 장수식품으로 알려진 요구르트처럼 유익한 미생물, 특히 유산균에 의해 발효되는 것이다. 결과적으로 김치는 유익한 재료의 조합과 발효작용에 의하여 탄생된 영양성과 건강기능성이 높은 채소발효식품이다.

지금까지 알려진 세계 여러 나라의 채소절임식품을 살펴보면 일본의 다꾸앙, 독일의 사우어크라우트, 중국의 포채, 유럽의 오이피클 등이 있다. 이들은 한결 같이 한두 가지 재료로 담그지만 김치는 여러 가지 종류들이 절묘하게 조합된 것이다. 주재료(배추나 무 등), 향신료(마늘 고추 등), 조미료(젓갈류 등), 기타 부재료가 다양하게 사용되고 있다. 특히 향신료와 조미료의 조합인 양념에 주목할 필요가 있다. 김치는 소금에 절인 주재료와 양념이 극적으로 조화를 이룬 가장 과학적인 식품이다. 일본인들이 우리 김치를 양념채소절임이라고 말할 정도로 김치는 채소식품 중에서도 양념의 존재가 아주 특별하다고 할 수 있다.

특히 김치는 자연적으로 발효시킨 자연발효식품이다. 김치는 유산균이 주도하는 발효작용으로 삭고 숙성된다. 이 과정에서 풍성한 맛과 향기, 독특한 조직감이 형성되고 저장성도 크게 향상된다. 따라서 선조들이 창안한 김치의 발효기술은 다른 나라의 여러 가지 방법보다 더 과학적이며 그 수준이 높다.

한편 우리 민족은 의식동원(醫食同源)이란 말을 즐겨 사용하고 있다. 이것은 의약품과 식품은 본래 근원이 같고 하나라는 의미를 지닌다. 의식동원의 사상을 바탕으로 2000여 년이란 긴 세월 속에서 발전된 것이 바로 김치이다. 마늘과 고추 등 식약(食藥) 재료를 조합하고 건강 장수를 약속하는 유산균 발효 과정을 거치므로 김치 속에는 건강을 지켜주는 소중한 생명물질이 듬뿍 들어 있다. 이들을 세 가지 그룹, 즉 세 가지 군으로 나눌 수 있다. 제1군 생명물질은 살아 있는 유산균이다. 제2군 생명물질은 비타민 등 영양 성분이며, 제3군 생명물질은 플라보노이드와 같은 건강기능성 물질이다. 이러한 건강 효능이 최근에 세계적으로 널리 알려지면서 많은 사람들이 김치를 더 즐겨 먹고 있다. 이미 김치는 세계의 관련 석학들이 선정한 '세계 5대 건강식품'이며, 이제 의식동원의 대표적인 식품이 되었다.

그러므로 김치는 마음과 몸을 치유하며 건강한 삶을 추구하는 '힐빙' 식품이라고 할 수 있다. '치유를 통한 건강한 삶'이란 뜻의 힐빙(heal-being)은 최근에 유행하는 힐링(healing; 치유)과 웰빙(well-being; 복지, 행복)을 합친 신조어이다. 김치야말로 현대인을 위한 진정한 힐빙 식품이 아닐 수 없다. 김치를 단순한 음식이 아니라 '힐빙 김치'라고 하는 이유가 여기에 있다.

전통적으로 김치는 신선 채소류들이 부족한 겨울철 저장식품이었다. 하지만 오늘날에는 채소류의 재배기술이 개선되어 재료가 연중 공급되고 있으며 담금 기술도 크게 향상되었다. 특히 가구의 소득 증대, 주거와 식생활 환경의 변화, 냉장시설의 보급, 김치에 대한 학술 연구의 활성화, 제조 기술의 향상 등으로 가정김치 외에도 다양한 김치상품이 생산되고 있으며 가정은 물론, 단체급식소, 음식점에서 소비되고 있다.

하지만 최근에는 미국과 유럽의 간편식품 도입과 식생활 문화의 변화로 어린이나 젊은 세대들에서 김치 소비가 점차 줄어들고 있다. 식생활 문화 측면에서, 그리고 건강측면에서 이는 대단히 유감스러운 일이 아닐 수 없다. 간편식품의 과다섭취 경향으로 우리 문화의 점진적인 이해 저하 현상이 두렵고, 어린이와 젊은이들, 그리고 성인들의 비만과 암, 만성질환이 염려스럽다. 이런 상황이라면 이제 김치를 더 먹어야 마땅하다. 김치는 우리가 필요한 것들을 풍요하게 갖추고 있기 때문이다.

* * *

원래 이 책은 한국과학기술한림원의 '석학, 과학기술을 말하다' 시리즈의 기획아래 만들어진 것이다. 따라서 주어진 지침에 따라 서술하였다. 전공분야 중 우리 국민들이 관심을 갖는 과학기술 부문의 특별한 내용을 선택하되, 고등학교 교육 수준이면 누구나 읽을 수 있도록 계획되어 있다. 어려운 과학기술 내용을 쉽게, 적절한 길이로, 그리고 흥미 있게 저술한다는 것은 결코 쉬운 일이 아니다. 이 책에서도 부족한 점이 많을 것으로 생각되나, 최선을 다하였다.

이 책의 1장은 김치 맛의 매력, 무엇에 끌리는가, 2장은 김치의 영양, 3장과 4장은 김치의 건강기능성, 5장은 살아 있는 김치유산균의 위력, 6장은 과학적인 김치 재료의 선택과 조합, 7장은 김치 담금 방법의 오묘한 기술, 8장은 소금 절임의 과학기술, 9장은 김치의 발효숙성, 10장은 최적 발효를 위한 환경조건, 11장은 다른 나라 절임식품에 대한 김치의 차별성, 12장은 전통문화와 과학기술이 조화를 이룬 김치에 대하여 서술하였다.

* * * *

한국인의 특별한 유전자를 가진 우리는 마땅히 김치와 깊은 관계가 있다. 그러므로 김치를 더 이해하고 사랑하며 보다 더 많이 먹어야 할 것이다. 짜지 않고 싱거운 김치를 하루에 적어도 100그램 이상 먹는 것이 바람직하다. 하루 세 번 식사 때마다 크기가 작은 달걀 한 개의 무게(약 50그램)의 김치를 먹으면 그 양은 150그램쯤 된다. 그렇게 먹는다면 더 바람직할 것이다. 왜 그럴까? 앞에서 짧게 설명하였지만 이에 대한 구체적인 해답을 위해 지금부터 이 책에서 흥미 있게 풀어나가고자 한다.

·1·

김치 맛의 관능적 매력, 무엇에 끌리는가

"김치 기호에 영향을 주는 관능적 요소는 외관 · 향미 · 조직감이다. 이 세 가지 요소를 우리는 쉽게 '김치의 풍미' 또는 '넓은 의미의 맛' 이라고 한다. 외관은 색깔이나 모양 등의 시각적인 요소이고, 향미는 향기와 맛의 후각과 미각 요소이다. 조직감은 씹는 느낌이나 소리 등의 촉각과 청각 요소라고 할 수 있다. 여기서 특히 혀에서 느끼는 미각 요소를 '좁은 의미의 맛' 이라고 한다."

"넓은 의미의 맛을 통해 얻는 관능성과 구강성(口腔性)의 즐거움은 우리가 추구하는 최대의 관심사이자 쾌락이다."

– 최홍식의 저서 『행복한 우리 음식문화』 에서

김치의 관능적 요소는 무엇일까

김치를 먹는가, 즐기는가?

김치와 같은 발효 음식을 먹을 때는 그 풍미(風味)를 제대로 감상하면서 천천히 먹어야 한다. 마구 먹는다는 것은 그 즐거움을 반감시키는 불행한 일이기 때문이다. 도대체 우리는 김치를 먹는가, 즐기는가?

김치를 먹고자 마음을 정하면 우선 하얀 그릇에 담긴 배추김치의 색깔부터 보게 된다. 전체적으로 빨간색을 띠고 있지만 초록색과 흰색의 자연적인 배색이 자유롭다. 이러한 김치의 매력적인 색깔과 외관이 입 안에서 침을 삼키게 한다. 이때쯤 우리는 후각을 통해 김치의 양념 향기와 발효 향내를 감지한다. 이 향내를 제대로 가려내는 것이 쉬운 일은 아니다. 이어 혀에서의 오묘한 느낌, 맛을 감상하게 된다. 맛은 가장 중요한 관능적 요소이며, 김치에는 여러 가지 맛이 함께 어울려 있다. 감칠맛, 매운맛, 짠맛, 신맛, 상쾌한 맛 등이 그것이다. 잘 담근 김치가 알맞게 발효되었을 때 이들의 종합적인 맛이 난다. 그리고 씹을 때의 아삭아삭하는 조직감도 결코 놓치지 말아야 할 것이다.

김치를 먹는다는 것은 영양소나 건강 기능성 성분을 섭취하는 일이기도 하지만, 어쩌면 오감으로 느끼는 즐거움을 맛보는 일이다. 그것은 김치가 지니는 여러 가지 관능적 요소를 즐기는 일이기 때문이다. 당연히 즐거움을 위해 먹는 것만은 아니다. 하지만 우리의 밥상에서 김치가 없는 상차림을 상상해 보라. 김치를 먹는 즐거움을 놓친 상실감은 표현하기 어렵다.

식품 기능 중의 관능적 기능성

이제 식품이나 영양에 관한 우리의 인식도 전과는 많이 달라졌다. 요즘에는 삶의 질을 생각하며 우리 생활에서 건강을 제일의 위치에 두고 있다. 따라서 맛과 건강을 지배하는 식사 내용에 모두들 관심을 갖지 않을 수 없다. 그런 까닭으로 오늘날에는 '우리가 무엇을 어떻게 먹어야 하는가?'라는 것이 최대의 관심사가 되고 있다. 여기서 '무엇을'에 해당하는 것이 바로 식품이다.

누구나 짐작하고 있는 것처럼 식품은 식생활을 통해 신체적 · 생리적 충족과 함께 정신적인 만족감과 안정을 주는 먹거리이다. 따라서 식품에는 그림 1-1에서와 같이 맛과 향기를 지니면서(식품의 관능적 기능), 영양소가 적절히 함유되어 있어야 하고(식품의 영양 기능), 건강을 위한 생리활성물질도 포함되어 있어야

그림 1-1 | 식품의 작용과 기능 구분

한다(식품의 건강 기능). 최근에 와서 이러한 식품의 기능에 대하여 많은 사람들이 관심을 갖고 있다.

식품의 가장 중요한 기능은 물론 영양 기능이다. 이는 생명을 유지하면서 성장 · 발달 · 활동을 가능하게 하는 영양소의 공급이다. 우리는 매일 일정 식품을 섭취함으로써 만복감을 유지하고 필요한 영양소를 흡수하여 건강을 유지하고 있다. 인간은 매일 각종 영양소가 일정량 필요하므로 식품의 영양 기능은 가장 중요한 요소일 수밖에 없다. 최근 우리 식생활에 있어서 영양(소) 문제는 영양 부족이 아니라 영양 불균형의 문제로 엉뚱하게 변화하고 있다.

다음은 식품의 관능적 기능이다. 이것은 식품의 관능적 특성에 의한 기호성이라고 할 수 있다. 오늘날 현대인의 식생활 특징 중 가장 중요한 것은 기호성 지향의 식생활이다. 인간이 먹고 즐기고자 선택하는 기준은 그 식품이 갖고 있는 관능적 특성에 대한 기호성이다. 식품에 대한 개인의 기호 형성에 관련되는 요인에는 여러 가지가 있을 것이다. 그러나 식품(또는 음식) 자체와 직접 관련되는 요인은 외관 · 맛 · 향기 · 색깔 · 조직감 등의 관능적 특성이다.

식품의 건강 기능성은 질병을 예방하는 생리적 기능, 즉 건강 기능이라고 할 수 있다. 모든 생리계통, 즉 면역계, 내분비계, 신경계, 순환계, 소화기계의 이상적인 변화를 미연에 방지하는 작용을 식품의 건강 기능성이라고 한다. 최근 식품의 건강 기능이 크게 주목받고 있으며 건강 기능성 식품을 특히 '생리적 기능성 식품' 또는 '건강 기능성 식품'이라고 말한다. 이 범주에 속하는 기능성 식품의 주요 기능에는 생체 리듬 조절, 생체 반응 조정, 질병 예방, 질병 회복, 노화 억제 등을 포함하고 있다.

김치는 이러한 관능적 기능성과 영양 기능성, 건강 기능성을 고루 갖추고 있다. 더욱이 다른 어느 식품보다 이들 기능성이 독특하며 종합적으로 우수한 기능성 식품이다. 이에 대해서는 다음에서 차례로 살펴볼 것이다.

김치에는 관능적 요소들이 있다

기호 형성의 기본이 되는 김치의 관능적 요소를 살펴보기로 하자.

그림 1-2는 김치의 관능적 요소들과 그들의 상관관계를 나타내고 있다. 김

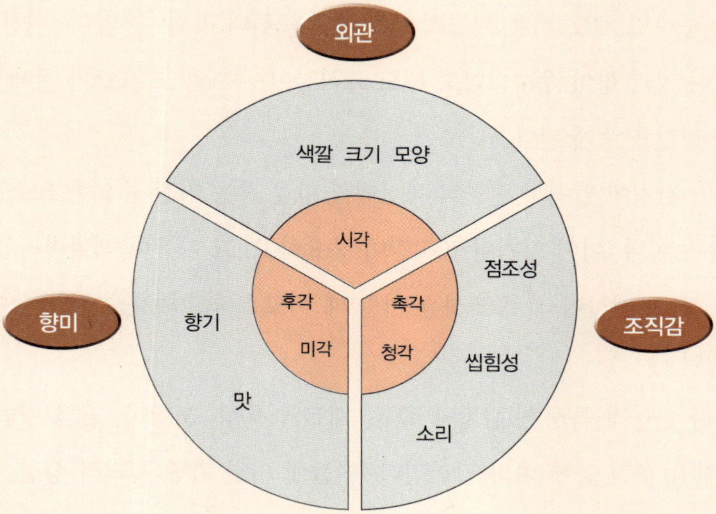

그림 1-2 | 김치의 관능적 요소의 상호관계

주) 최홍식: 『김치의 발효와 식품과학』 374쪽에서 인용

치의 관능적 요소는 외관 · 향미 · 조직감의 세 가지 기본 요소로 구분할 수 있고, 이 요소들을 뒷받침하는 여러 가지 세부 요소들이 있다. 즉 외관은 색깔 · 모양 등의 시각적인 요소이다. 그리고 향미는 향기 · 냄새의 후각과 맛의 미각적인 요소라고 할 수 있다. 또한 조직감은 씹힘성 · 점조성 · 소리 등의 촉각과 청각의 요소이다.

대체로 이들 요소들은 서로 상호관계를 유지하고 있으며 어느 한 요소 또는 세부 요소가 좋지 않을 때 그 결과는 전체 관능적 특성의 문제로 확대된다. 즉 외관의 시각적인 요소인 색깔이 바람직하지 않다면, 다른 요소들인 향미와 조직감이 좋다고 해도 전체 관능적 특성이 우수하다고 할 수 없다. 마찬가지로 색깔이나 맛과 향이 우수하다고 해도 조직감이 나쁘면 그 요소가 전체 관능적 특성에 영향을 주게 된다.

하지만 김치에 있어서 관능적 특성에 영향을 주는 가장 중요한 요소는 맛(좁은 의미의 맛)이다. 이어 향기와 조직감이 중요하고, 그 다음이 색깔이라고 할 수 있다. 그리고 이들이 서로 조화를 이룰 때 비로소 최고의 관능적 특성이 나타나게 된다.

김치의 관능적 특성은 김치의 종류, 재료의 특성, 조합비, 담금 방법, 발효 정도, 저장 조건 등에 따라 달라진다. 이들에 의한 각종 물리적 성질, 화학적 조성과 그 특성, 생물학적(특히 미생물학적) 특성들이 결과적으로 김치의 관능적 특성을 완성하기 때문이다.

맛은 신맛, 감칠맛, 짠맛, 매운맛, 상쾌한 맛 등이 조화를 이루고 있으며 덜 익었을 때는 약간 짜며 풋내가 나고 과숙한 것은 신맛과 과숙취가 난다. 그리고 김치의 조직감은 적당한 경도와 아삭아삭하게 씹히는 특징을 주며 과숙한 것은 물러지는 현상을 나타낸다. 색깔은 김치 종류에 따라 다르다. 예를 들면 배추김치와 깍두기는 붉은 고추 색깔을 나타내지만 동치미나 백김치는 특별한 색깔이 없고 국물은 투명하거나 옅은 우유 색깔을 나타낸다.

김치 풍미에 대한 관능검사를 행함에 있어서 김치의 맛을 나타날 때에는 신맛 · 짠맛 · 상큼한 맛 · 군덕맛 등으로, 냄새는 풋내 · 신내 · 군덕내 등으로, 조직감은 아삭아삭함 · 질김 · 경도 등으로 표현하고 있다. 잘 익은 배추김치를 예로 들면, 알맞게 숙성된 김치는 상큼한 맛, 상큼한 냄새, 아삭아삭한 조직감을 갖고 있다. 재료의 계절별 · 품종별 이화학적 성질(특히 가공적성 및 조직감)은 김치의 관능적 특성에 크게 영향을 주기 때문에 배추 재료의 특성이 강조되고 있다. 하지만 발효 유래의 관능적 특성도 대단히 중요하다고 할 수 있다.

특히 흥미로운 사실은 인간의 감각기관에 인지되는 순서는 외관, 향기, 조직감, 맛의 순서이나, 관능적 특성 기여도는 맛, 향기, 조직감, 색깔의 순서라는 것이다. 즉 맛(좁은 의미의 맛)의 기여도가 높고 상대적으로 색깔의 기여도는 낮다.

지금까지 김치의 일반적인 관능적 요소와 특성에 대하여 간단히 살펴보았다. 이제 이들 각 요소들 하나하나에 대하여 세부적으로 알아보기로 한다. 먼저 맛에 대해서 알아보기로 한다.

미각을 통한 결정적인 유혹,
김치의 맛

여덟 가지 맛의 묘미

비록 김치의 빨간색이 유혹적이고 향기와 조직감이 관능적이라고 하지만 결코 김치 맛에 이르지는 못한다. 김치가 갖는 은근하면서도 가장 강렬한 유혹은 아무래도 독특한 맛이다. 배추김치 한 가닥으로도 우리를 충분히 감동시키며, 그 맛이 섬세한 우리 미각을 지배하고 있다!

김치를 한 가닥 입에 넣고 먹어 보면 혀에 감도는 독특한 자극에 모든 감각세포들이 순간적으로 일어나게 된다. 특히 혀 표면의 미각세포들은 복잡하고도 미묘한 김치 맛을 거의 동시에 받아들인다. 그 내용이 미각신경을 통하여 뇌에 전달되어 우선 매운맛 · 짠맛 · 신맛 · 단맛 · 쓴맛을 느낀다. 이 다섯 가지 맛이 바로 김치의 오미(五味)이다.

어떤 이는 김치가 내는 오색(五色)과 오미의 우주론을 펴고 있다. 다섯 가지 색깔의 오방색(五方色)에 상응하는 김치의 다섯 가지 맛은 전통적으로 맛의 통합적 우주를 지향하는 한국 음식의 특성을 잘 나타내고 있다고 말한다.

여기서 김치의 깊은 맛을 좀 더 음미해 볼 필요가 있다.

김치에는 일반 음식이 갖는 다섯 가지 맛 외에도 여섯째의 떫은맛과 일곱째의 감칠맛(旨味), 여덟째의 탄산미(炭酸味)가 있다. 이들 중에 떫은맛은 대체로 있는 듯 없는 듯 숨어 있지만 감칠맛과 탄산미는 그렇지 않다. 상쾌한 맛을 느끼게 하는 탄산미는 김치 국물까지 맛보아야 비로소 그 존재를 알게 된다. 일곱째의 감칠맛은 조금 독특하다. 젓갈에서 얻어지는 감칠맛, 또는 멸치나 조개, 쇠고기, 때로는 버섯이나 다시마를 물에 넣고 끓여서 얻은 국물의 감칠맛, 바로 그런 맛이 김치의 품격을 한 단계 더 높여 준다.

즉 김치는 그림 1-3에서와 같이 팔미(八味)의 음식이다. 매운맛 · 짠맛 · 단맛 · 쓴맛 · 떫은맛은 주로 담금 재료에서, 신맛과 탄산미는 발효 과정에서, 감칠맛은 재료와 발효에서 얻어진다. 이들 맛 중에서 감칠맛 · 매운맛 · 짠맛 · 신맛이 중요하며, 이 네 가지를 김치 맛의 기본 요소라고 할 수 있다.

여덟 가지 맛이 모두 중요하지만 일곱째의 감칠맛이 가장 중요하다. 어머니들은 이 맛을 제대로 내기 위하여 온갖 정성을 쏟는다. 좋은 젓갈이나 액젓을 가려 쓰는 것도 이 때문이며, 수육 국물이나 어패류를 넣는 김치 담금 비법도 여기에서 연유된다. 옛날과 마찬가지로 오늘날에도 가문(家門)과 지역에 따라 김치 맛이 다른 까닭은 양념이나 고명이 다르고 감칠맛을 내는 방법이 서로 다르기 때문이다.

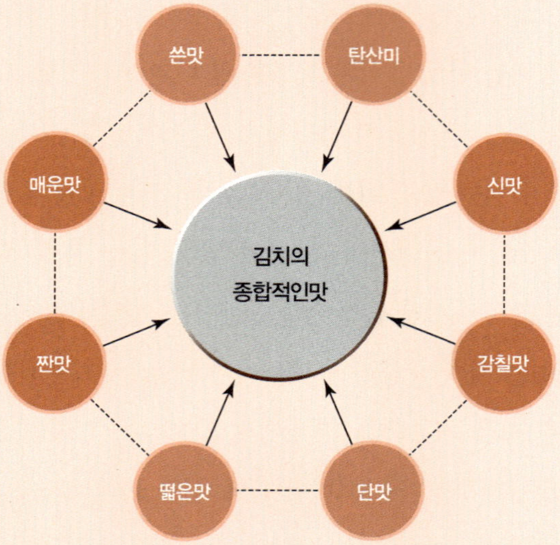

그림 1-3 | 김치의 여덟 가지 맛과 이들의 조화

주 1) 매운맛, 짠맛, 신맛, 감칠맛은 김치의 기본적인 맛임.
2) 최홍식: 『행복한 우리 음식문화』 246쪽에서 인용

김치 맛을 내는 본질은 무엇인가?

김치 맛에 관여하는 성분들은 여러 가지이다. 그 중에 감칠맛을 내는 성분은 주로 아미노산과 핵산 관련 물질들이다. 아미노산(유리형)은 김치 재료 가운데 젓갈류, 어패류, 육류 등의 동물성 재료에서 유래된 것들이 대부분이다. 김치

발효가 진행되면서 재료에 함유된 것 외에 단백질 가수 분해 현상으로 증가된 유리아미노산이 이 맛을 내는 데 부분적으로 기여한다. 아미노산들은 그 종류에 따라 감칠맛, 단맛, 쓴맛을 나타내고 맛을 지니지 않는 것들도 있다. 아미노산 중 감칠맛을 내는 것으로 글루탐산, 알라닌 등이 있으나 이들 감칠맛 특성은 서로 다르다. 이와 같은 성분의 감칠맛을 내기 위하여 젓갈, 액젓, 멸치국물, 수육국물 등의 특수 조미재료를 김치에 넣고 있다. 이들이 만드는 아미노산 조성과 특성에 의한 이상적인 감칠맛의 창출이 중요하다.

한편 아미노산과 함께 젓갈류, 어패류, 육류 등에서 얻어지는 핵산 관련 물질 역시 감칠맛과 깊은 관계가 깊다. 핵산 관련 물질에는 여러 가지가 있으나 가장 중요한 것은 이노신 모노포스페이트와 아데노신 모노포스페이트이다. 특히 이들은 글루탐산과 함께 있으면 감칠맛을 증진하는 작용이 있다.

김치의 신맛은 발효에 의해 생성된 유기산들, 특히 유산 · 구연산 · 초산 · 호박산 등에 의한 것이다. 이들 네 가지 외에도 다른 여러 가지 종류의 유기산이 김치에 함유되어 있다. 김치 종류에 따라 유산과 구연산의 함량이 많이 다르다. 이들 유기산에 의한 잘 익은 김치의 최적 산도는 0.6~0.8%이며, 이때의 신맛이 가장 적당하다고 알려져 있다. 그러나 발효가 지나치게 진행된 과숙김치에는 초산 등에 의하여 강하면서도 톡 쏘는 신맛이 난다.

유기산의 종류에 따라 신맛 자체의 특성이 서로 다르다. 예를 들면 구연산은 상쾌한 신맛, 유산 등은 떫은맛을 곁들인 신맛, 초산은 자극적인 신맛이다. 김치의 신맛은 이들 유기산의 조합에 의해 결정되는 미묘한 맛이라고 할 수 있다.

한편 상쾌한 맛을 주는 탄산미는 탄산가스와 탄산에 의한 것이다. 그러나 일부 구연산 등의 유기산도 이에 관여한다. 김치 발효 과정 중 탄산가스의 생성량은 재료의 종류, 김치의 종류, 소금 농도, 발효 온도 등에 따라 차이가 있다. 그리고 이질유산발효의 정도에도 직접 영향을 받는다.

생성된 탄산가스는 김치 내에서 상당 부분 잔존하게 된다. 특히 김치 국물에 많이 녹아 있게 되어 김치의 상쾌한 맛을 내게 된다. 탄산가스는 온도가 낮은 저온의 김치 국물에 더 많이 녹아 있다. 그러므로 신맛과 탄산미는 일반 김치에서도 중요하지만 시원한 동치미 등의 물김치에서 강조되는 맛이다.

김치의 매운맛은 감칠맛과 신맛과 함께 매우 중요한 맛 가운데 하나이다. 이 맛은 주로 재료로 사용되는 고추 · 마늘 · 파 · 생강 등에서 유래한다. 고추의 캡사이신(capsaicin) 관련 물질, 마늘의 알리신(allicin), 파나 양파, 부추의 유황화합물 등이 주요 성분들이다. 하지만 김치의 주된 매운맛은 고추의 캡사이신 관련 물질이다. 고춧가루의 매운맛은 캡사이신 함량이 1.0 mg% 이상이 되어야 '맵다'라고 평가된다. 그러나 실제 김치 담금에 사용되는 고춧가루의 양은 너무 많은 경향이 있다. 그러므로 김치를 담글 때 이를 고려해야 할 필요가 있다.

김치의 기본 맛의 하나인 짠맛은 재료로 첨가된 소금의 순수한 맛이다. 원래 인간은 1% 정도의 식염 농도에서 가장 기호도 높은 것으로 알려져 있다. 김치의 경우는 채소 소금 절임 식품의 하나이므로 이미 2% 내외의 범위에 있다.

한편 단맛은 여러 가지 종류의 재료에서 오는 당류 외에 추가로 배합한 설탕이나 물엿 등에 의하여 나타난다. 그리고 미미하지만 쓴맛 성분은 배당체의 하나인 케르세틴(quecetin), 쿠쿠르비타신(cucurbitacin) 등이며, 떫은맛은 갈릭산 및 클로로젠산(chlorogenic acid) 등이다.

누구도 자유로울 수 없는 느낌,
김치의 향기

김치 향기의 실체는 있는가?

우리 가정의 김치 냉장고나 부엌, 그리고 집 안에는 비록 옅으나 독특한 김치 냄새가 난다. 우리나라 식당은 말할 것도 없고 외국의 한국 식당에도 이 냄새가 있다. 실제로 우리는 늘 이 냄새와 함께 살고 있으며 이것에서 벗어날 수도 없고 자유로울 수도 없다.

김치가 지니는 미묘한 느낌의 이 냄새는 무엇인가? 한국인이라면 누구나 이 냄새에 익숙하지만 아무도 그것이 무엇이라고 자세히 이야기하지는 못한다. 그 냄새는 그만큼 섬세하고 복잡한 특성을 지니고 있기 때문이다. 이 냄새는 꽃의 향기처럼 화려하지는 않지만 은근히 마음을 편안하게 하고 즐겁게 한다. 우리는 당연히 이를 김치 향기라고 부른다.

외국인들이 김치 향기를 처음 대하면 우선 거부 반응을 나타내는 경우가 많다. 그리고 이를 바르게 인식하고 즐거운 마음으로 받아들이는 데 많은 시일이 소요된다. 그러나 일정기간 인식하는 과정을 치르고 나면 비로소 그 향기의 실체를 이해하고 아주 좋아하게 된다. 오늘날에 와서 김치의 세계화가 가능한 것은 바로 김치의 향기와 맛의 인식 과정을 체험하게 됨에 따라 비로소 그들의 감각기관에 그 내용이 좋은 것으로 각인되었기 때문이라고 생각된다. 그리고 한 번 김치 향기에 친숙해지면 계속 찾고 즐기는 특성도 있다.

김치 향기는 크게 재료에서 오는 재료(특히 양념) 기원의 향기와 발효 과정에서 생성된 발효 향기로 나눌 수 있다. 김치의 양념 향기는 여러 가지 재료들에서 기인하는 각종 성분들이 어울려 나타나며 외국의 채소 발효식품에서는 그런 향기를 거의 느낄 수 없다. 양념 향기와 발효 향기의 균형과 조화에 의해서 김치의 종합적인 향기가 만들어진다.

대체로 김치 담금 초기에는 양념 향기와 함께 풋내가 나고 발효가 진행되면서 상큼한 향기가 계속되다가 과숙기의 후기에 이르러 신내와 군덕내가 나게 된다. 과숙기 후기의 신내와 군덕내가 감지되면 이 김치는 거의 변질 단계에 있음을 알 수 있다.

김치 향기의 성분은?

김치 향기는 그 자체의 다양성과 특이성으로 인해 본질적으로 향기의 내용을 규명하기가 쉽지 않다. 김치에 함유되어 있는 휘발성 성분들이 이 향기의 특징을 지니게 하는 본체일 것이다. 이들은 극히 미량으로도 독특한 김치 향기를 결정해 주는 중요한 기능을 지니고 있다.

여러 가지 재료들이 개별적으로 지니고 있는 향기 성분, 특히 향신료들의 휘발성 향기 성분과 발효 향기 성분이 수없이 많이 알려지고 있다. 특히 유황화합물이 많으며 대표적인 것으로는 아이소싸이오사이아네이트(isothiocyanate) 화합물, 황화물(sulfide)들이다. 이외에도 테르페노이드(terpenoid), 휘발성 유기산, 에스터류, 알코올류, 알데하이드류 등의 수백 개 이상의 다양한 휘발성 물질들이 있다.

아주 복잡한 김치 향기는 몇 개의 특정 향기 물질에 의한 것이 아니기 때문에, 이에 대한 부분적인 연구만으로 김치 전체의 향기를 이해하기란 대단히 어려운 일이다. 앞으로 김치 향기의 유효 성분, 생성 메커니즘, 전구물질의 해명, 조합 향기 등에 대한 많은 연구가 기대된다.

가슴으로 듣는 소리, 김치의 조직감

씹는 맛, 그때 들리는 '아삭'하는 그 느낌

사람의 입 안의 혀가 갖는, 결코 우리가 감내할 수 없는 그 욕망은 끝이 없다. 식욕과 같은 쾌락도 혀와 입이라는 작은 기관에서 비롯되는 경우가 많고, 이 욕망은 결코 하루 이틀에 채울 수 없으며 끝없이 지속된다. 좋은 음식을 즐기는 것은 이 욕망을 채움으로써 얻는 가장 편안하고 아름다운 쾌락인 것이다.

꼭 그렇다고 할 수는 없지만 영양학적 입장에서 보면 입은 하나의 소화기관에 지나지 않는다. 즉 입으로 음식이 들어오면 먼저 씹어서 음식물을 부시고 소화액을 분비하며 이를 섞어서 식도로 보낸다. 여기서 씹는 일은 음식을 소화하는 첫 번째 과정이다. 그러나 쾌락의 입장에서 보면 저작하는 반복적인 동작에서 오묘한 씹힘성의 느낌을 갖게 된다. 우리는 음식물의 조직감에 따라 달라지는 다양한 씹힘성을 마냥 즐기고 있다.

많은 사람들은 김치와 함께 잘 지은 쌀밥을 좋아한다. 밥알들이 서로 부착되어 숟가락 위에 소복이 쌓여 있는 쌀밥 그 자체도 좋거니와 밥알 하나하나가 갖는 조직감은 더욱 좋다. 한 숟가락의 밥을 입에 넣고 씹을 때 느끼는 그 감각을 쉽게 표현할 수 없다. 특히 쌀밥 한 알의 찰기와 응집성은 너무도 독특하다. 죽처럼 결코 물렁하지도 않고 설익은 것에서 오는 견고함 같은 느낌도 아니다. 소리도 없이 씹히는 씹힙성은 우리의 마음을 즐겁게 하고 넉넉하게 한다. 그러나 이러한 저작감(咀嚼感)도 김치가 함께 있어야 제격이다.

어쩌면 총각김치가 쌀밥에 잘 어울릴 것이다. 밥과 함께 총각김치 한 조각을 입에 넣는다. 만약 이를 허겁지겁 먹는다면, 이 총각김치는 지극히 단순하고 평범한 반찬에 지나지 않을 것이다. 그러나 총각김치를 먹을 때 입 안에서 나는 '아삭' 또는 '사각사각'하는 투명한 소리를 듣게 된다면, 그리고 밥을 씹을 때와는 전혀 다른 독특한 씹힘성을 순간적으로 느끼게 된다면, 비로소 이 오묘한 소리와 씹힘성의 쾌락을 진정으로 만끽할 수 있을 것이다.

대부분의 우리나라 사람들은 배추김치를 더 좋아한다. 이 김치야말로 우리나라의 대표적인 김치라고 할 수 있기 때문이다. 경험에 의하면 배추김치의 특성은 총각김치하고는 아주 다르다. 잘 익은 배추김치 한 가닥을 씹어 보면 그것을 금방 알게 된다. 총각김치에서와 같은 딱딱함과 견고성을 느낄 수 없다. 그렇다고 질깃하거나 물렁하지도 않다. 씹을 때 입 안에서 소리도 나지 않으므로 어느 누구도 이를 청각으로 들을 수 없다. 다만 '아삭'하는 순간의 감각을 누구든지 가슴으로 느낄 수 있다. 사람들은 야릇한 그 느낌과 함께 감지되는 씹힘성을 좋아한다.

가슴으로 느끼는 이 소리는 특히 배추김치의 잎사귀 중에서도 하얀 줄기 부분에서 더 잘 감지된다. 그러나 생 배추에서나 오래 묵어서 물렁해진 김치의 조직에서는 이러한 감각이 거의 느껴지지 않는다. 오로지 알맞게 발효되어 잘 숙성된 배추김치에서만 이러한 특성을 느낄 수 있다. 많은 사람들이 배추김치의 이와 같은 특성에 매료되고 있다. 일본 사람들은 바로 이 조직감을 특별하게 즐긴다고 해도 과언이 아니다.

김치는 이처럼 관능적이면서도 독특한 조직감을 지니고 있다. 그래서 배추김치의 씹힘성은 말로 표현하기도 어렵다. 아삭아삭함이라고 할까? 씹을 때 '아-삭'하는 소리가 나지는 않지만 우리는 가슴으로 그 느낌의 소리를 들을 수 있다. 아마도 이런 쾌락은 다른 것에서는 쉽게 얻을 수 없을 것이다.

김치 조직감의 관능적 특성과 성분은?

조직감은 음식물을 섭취하여 씹을 때 작용하는 힘과 조직의 상호관계에서 느끼는 복합적인 감각이라고 할 수 있다. 조직감의 구성 특성은 세부적으로 역학적 요소, 기하학적 요소(입자 크기와 모양, 결합 상태), 기타 특성 요소(수분, 지방 등 함량)로 나누어 평가하고 있다. 씹힘성은 역학적 특성에 속하는 중요한 요소이다.

김치의 조직감은 주재료의 특성에 따라 다르다. 따라서 배추김치는 배추의 특성, 깍두기의 경우는 무 특성이 중요하다. 김치용 배추의 조직감을 결정하는 요인은 배추의 품종, 수확 시기, 재료 부위 등의 재료적 요인과 소금 절임 방법, 발효 온도와 시간, 미생물의 특성(특히 유산균과 연부 관련 미생물) 등의 요인으로 구분할 수 있다. 이러한 김치 조직감은 여러 가지 물성학적 특성이 함께 어울려서 이루어진 것이다. 배추 재료는 소금 절임에 의하여 절단력과 유연성이 증가하며 씹을 때 아삭아삭 깨어지는 성질이 나타난다. 이 현상은 소금 절임 처리에 의하여 조직 내부의 공기가 빠져 나가고 수분이 용출됨에 따라 세포벽이 쭈그러지면서 포개지기 때문이다. 그리고 중요한 화학적 성분인 펙틴질(pectic substances) 성분들에도 그 원인이 있다. 발효 과정에서도 배추김치의 조직감 변화는 계속되며 완숙되었을 때 김치의 유연성과 조직감은 관능적으로 가장 좋은 상태를 유지하게 된다. 그러나 과숙하게 되면 조직이 부드러워지고 심하면 물러지는 연부 현상이 일어나게 된다.

김치 조직감을 이해하기 위해서는 먼저 김치 재료, 특히 주재료인 배추 · 무와 같은 채소류의 세포벽 구성과 성분, 세포벽과 세포벽을 결착시켜 주는 결착 물질에 대하여 자세히 살펴보아야 한다. 채소류의 세포벽은 거의 셀룰로스, 펙틴질 외 여러 가지 다당류와 그들의 유도체로 구성되어 있다. 그러므로 이들 전체의 구성과 조화가 채소류 또는 김치의 조직감을 갖게 한다.

한편 김치가 물러지는 연화 현상은 발효 후기에 효소들의 작용에 의하여 많이 일어난다. 재료가 지니고 있는 효소보다는 미생물 효소들에 의하여 조직이 연화된다고 생각된다. 지금까지 가장 널리 알려진 김치 연화의 가장 큰 요인은 펙틴질의 붕괴에 있다고 하며, 여러 가지 효소 중에서도 폴리갈락투로나아제(polygalacturonase)가 중요한 역할을 맡고 있다.

빨간색의 매혹적인 조형미,
김치의 외관

시각적인 첫 번째 유혹

하얀 그릇에 담긴 배추김치를 보면, 마치 한 폭의 그림을 연상하게 된다. 수채화나 유화라고 말할 수 있을 것이다. 김치가 내는 주된 색깔은 선명하면서도 화려한 빨강이다. 그러나 빨간색 외에도 흰색이 바닥에 깔려 있고 불규칙적으로 섞여 있는 초록색도 함께 조화를 이루고 있다. 이들의 적절한 배색은 기하학적인 것이 아니라 자유로운 변형의 연속이다. 이들을 대하면 매혹적인 조형미가 순간적으로 우리 마음을 사로잡는다.

김치의 가장 큰 관능적 매력은 바로 이 빨간색 때문일 것이다. 서양 사람들은 이 색깔에서 관능과 성(性)과 정열과 생명력을 강하게 느낀다고 한다. 그러나 우리나라 사람들의 마음은 전통적으로 이것에서 따스한 미의식을 찾는다.

여인들은 때때옷이나 붉은 소매가 달린 저고리, 분홍색 치마를 좋아한다. 또한 선홍색의 오미자 화채와 하얀 시루떡의 붉은 팥고물을 즐긴다. 드디어 그들은 김치를 빨간색으로 물들인다. 김치의 빨간색은 고추에서 비롯되지만, 고추가 우리나라에 도입되기 이전에도 우리 선조들은 빨간색을 내기 위하여 계관화(鷄冠花)로 불리는 맨드라미의 꽃과 잎을 사용하거나 토종 적색갓을 이용하였던 것이다. 고추가 우리나라에 도입된 후 이것이 널리 사용된 까닭은 양념으로서의 매운맛도 중요하였지만 빨간색의 영향도 적지 않았을 것으로 생각된다. 빨간색은 본질적으로 유혹적이고 열정적이므로 우리뿐만 아니라 세계 여러 나라 사람들도 좋아한다.

김치의 관능적 요소는 외관, 향기, 맛, 조직감이다. 그중 외관에는 재료의 크기와 표면의 모양, 색깔 등이 있으며, 이 가운데 색깔이 가장 중요한 세부 속성이라고 할 수 있다. 물론 김치의 색깔에는 그 종류와 계절에 따라 여러 가지가 있다. 빨간색 외에도 흰색이 바닥에 깔려 있고 초록색도 있다.

실제로 김치의 색깔은 김치 종류에 따라 다르다. 물김치의 경우 대부분이 투명할 뿐이고 색이 없으며 일부 고형물의 무 또는 배추 조각만이 원래 색을 지니고 있다. 또한 주재료에 따라 열무김치, 파김치, 청갓김치는 초록색 위주의 색깔을 갖고 있다. 그리고 사용되는 기타 재료에 따라 적갓의 분홍색, 당근의 주황색 등의 색깔을 나타내는 것도 있다.

김치 중에서도 대표적인 배추김치는 흰색이 바탕에 깔려 있지만 표면 색깔은 거의 빨간색이다. 김치가 우리의 미각을 유혹하는 첫 번째 요인이 바로 이 빨간색이라고 말할 수 있다. 빨강은 서로 다른 몇 가지의 색소 성분들에 의한 것이나 주성분은 고추의 캡산틴(capsanthin)이다.

그렇다면 이 캡산틴 색소가 감각기관 중에서 시각을 가장 먼저 자극하여 우리를 유혹하고 침을 삼키게 하는 것이라고 말할 수 있다. 『색이 감성과 이성에 미치는 영향』에 관한 책을 쓴 에바 헬러는 "태초에 빨강이 있었다. 빨강은 사람이 붙인 첫 번째 색이며 세계에서 가장 오래된 색 이름이다."라고 하였다. 과연 캡산틴 색소의 빨강은 가장 아름다운 첫 번째 색이고 유혹적이며 열정적인 색이다. 그렇다고 이 색깔을 즐기기 위해 멀리까지 찾아갈 필요는 없다. 놀랍게도 그것은 우리의 김치에 아주 넉넉하게 들어 있다. 그러고 보면 빨강이 주도하는 외관은 우리를 유혹하는 김치의 첫 번째 요소이자 속성이다.

김치 색깔은 어떤 성분들일까?

색깔은 물질의 성분에 따라 조사된 가시광선의 흡수 또는 반사되는 것에 기인한다. 그리고 광원과 파장대에 따라 광택, 탁도, 투명도의 현상이 나타나게 된다. 배추김치는 일반적으로 빨간색으로 덮여 있으며 발효 진행에 따라 처음의 배추 잎 조직에서 나타나는 청록색이 상실된다.

발효 초기의 미숙기에는 잎 조직 성분인 클로로필의 밝은 녹색을 나타낸다. 발효가 진행되어 잘 익은 적숙기에는 거의 적색이었다가 발효가 과도하게 진행된 과숙기에는 적색과 갈색을 띈 어두운 녹색을 나타낸다. 그러므로 우리가 맛있게 먹는 적숙기의 김치 색깔은 거의 빨간색이라고 말할 수 있다. 초록색의 상실은 클로로필 성분이 페오피틴(pheophytin)으로 변하기 때문이다. 그리고 잎 조직이 손상을 입으면서 조직 속의 폴리페놀(polyphenol) 성분의 갈변화 현상이 일어나 점차 갈색을 띤 녹색으로 변한다.

김치의 색깔을 내는 색소는 그 대부분이 식물성 색소이며 이들은 고추, 배추를 비롯하여 거의 모두 채소류에서 유래된 여러 가지 색소 성분에 의한 것이다. 이들 색소 성분들이 각각 빨간색, 녹색, 주황색, 자색 등의 색깔을 나타낸다. 여기에서는 김치의 빨간색 및 초록색 중심으로 살펴보고자 한다.

빨간색은 주로 고추에 함유되어 있는 카로티노이드계의 캡산틴, β-카로틴(carotene) 등이다. 이들의 주된 색깔은 캡산틴은 적색, 카로틴은 황적색을 나타낸다. 김치 색깔에 대한 기여도는 고추의 캡산틴이 함량이나 색상 면에서 주된 역할을 한다. 그러나 토종 적갓 김치의 빨간색은 안토시아닌(anthocyanin)이며 여기에 고추의 캡산틴 성분이 추가된다. 일반적으로 카로티노이드계 색깔은 김치 발효 과정 중 여러 가지 형태로 변화하지만 전체 색깔에 미치는 정도는 심각하지 않다.

배추김치에서는 발효 진행에 따라 그림 1-4에서와 같이 외관 또는 국물에서 더 밝고 붉은색을 나타내는 경우가 많다. 이는 재료의 조직 속에 함유되어 있던 관련 색소 성분들이 조직 손상 등의 원인으로 상당 부분 외부로 유출되어 나오기 때문이다. 그러나 발효가 더 진행되어 과숙에 이르면 그림에서와 같이 카로티노이드 성분들이 일부 파괴되어 색깔이 조금 변한다.

한편 김치의 바탕색을 이루는 초록색은 클로로필이다. 클로로필은 다시 클로로필 a와 b로 구분되며 이 두 성분의 비율은 대체로 3:1을 유지하고 있다.

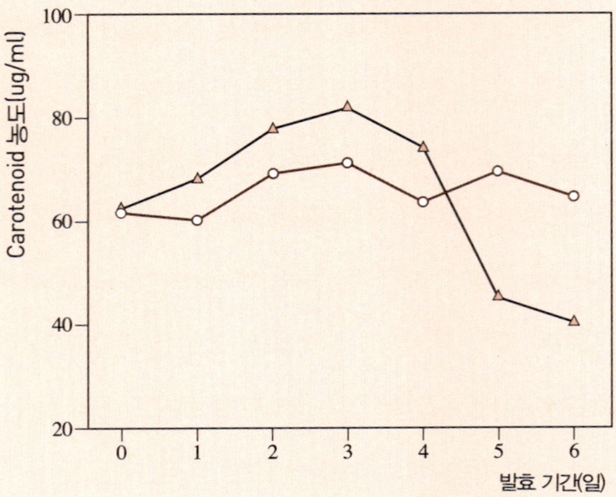

그림 1-4 | 배추김치 발효 과정 중 김치 국물의 붉은 색깔 성분인 카로티노이드 함량 변화

주 1) 발효 온도는 4℃(○–○) 및 16℃(△–△)임.
2) 노홍균 등의 『한국영양식량학회지』 21권 163쪽에서 인용

김치 발효 과정 중 이 성분들은 발효 진행에 따라 크게 변한다. 클로로필의 변화는 그림 1-5에서와 같이 발효에 의해 생성된 유기산과의 반응으로 일어나게 된다. 클로로필 a, b는 생성된 유기산으로 인하여 초기에는 빠르게 페오피틴 a와 b로 전환되고 후기에는 이 반응이 완만하게 진행된다. 그 결과 발효 후기에 이르러 김치의 초록색이 암녹색 또는 부분적인 갈색 등으로 변하게 된다.

지금까지 김치의 관능적 기능에 대하여 여러 측면에서 살펴보았다. 앞에서도 말하였지만 김치를 먹는다는 것은 영양소나 건강 기능성 성분을 섭취하는

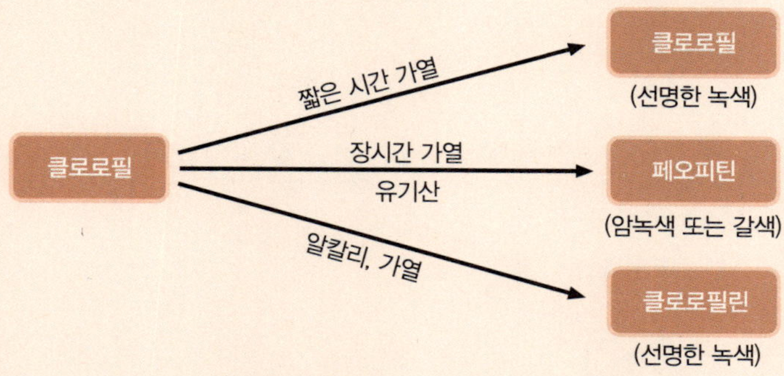

그림 1-5 | 유기산에 의한 배추 잎 클로로필의 색깔 변화

주) 김치의 경우, 그림에서 중앙 화살표 표식의 변화임.

일이기도 하지만, 오감으로 느끼는 즐거움을 맛보는 일이다. 그것은 김치가 지니는 여러 가지 관능적 요소를 즐기는 일이기 때문이다. 또한 김치의 관능적 내용을 알고 먹을 때 얻어지는 즐거움은 모르고 먹을 때보다 훨씬 더 클 것이다. 하지만 이런 작은 행복도 구하지 않으면 얻을 수 없다. 먹으려고 생각하지도 않고 또 먹지도 않는다면 아무것도 없는 것이 된다. 이는 지극히 안타까운 일이다.

·2·

김치의 영양 왜 특별할까

"김치는 당질과 지방질 함량이 적고 식이섬유소 함량이 상대적으로 많아서 저열량 다이어트 식품이다. 또한 비타민과 미네랄이 많이 함유되어 있으며, 특히 비타민 A와 B군, C가 많은 편이다. 우리 식생활에서 김치는 비타민과 미네랄 그리고 식이섬유소의 중요한 공급원이다. 그리고 다양한 건강 기능성 성분이 함유되어 있다."

"최근에 김치가 세계 5대 건강식품으로 널리 알려지고 있다. 미국의 저명한 건강과학 학술지 『Health』지가 발표(2006년 3월호)한 세계 5대 건강식품에는 한국의 김치를 비롯하여 세계의 다섯 가지 식품들이 선정되었다."

- 이 책의 2장 본문에서

김치에 들어 있는 일반 영양 성분은

식품과 영양소

오늘날 우리의 식생활도 크게 변하고 있다. 많은 사람들은 자신들의 기호, 건강, 그리고 안전을 지향하는 식생활을 영위하고자 한다. 건강 지향의 식생활에서 가장 먼저 고려되는 것은 역시 우리가 매일 먹고 있는 식품의 영양과 건강 기능성의 문제이다.

최근에 김치가 세계 5대 건강식품으로 널리 알려지고 있다.

미국의 저명한 건강과학 학술지 『Health』지가 발표(2006년 3월호)한 세계 5대 건강식품에는 한국의 김치를 비롯하여 표 2-1과 같은 식품들이 선정되었다. 이는 관련 전문가들로 구성된 위원회에서 논의된 결과를 발표한 것이다. 김치의 무엇이 이처럼 세계 5대 건강식품의 반열에 오르게 하였을까? 이 해답은

표 2-1 | 최근 선정된 세계 5대 건강식품

미국 건강과학 학술지 『Health』지가 발표(2006년 3월호)

- 한국의 김치(Kimchi: fermented vegetables)
- 스페인의 올리브 오일(Olive oil)
- 일본의 미소 등 콩 제품(Soy: miso, natto, tofu)
- 그리스의 발효유(Fermented milk)
- 인도의 렌틸콩(Lentils)

결코 간단하지 않다. 이와 관련하여 2장에서는 김치의 영양에 관해서, 3장과 4장에서는 김치의 건강 기능성, 5장에서는 김치유산균에 대해서 자세하게 알아볼 것이다.

김치의 영양(소)에 대한 이야기를 하기 전에 먼저 영양에 대한 기본적인 지식부터 정리해 보자. 식품을 구성하고 있는 물질 중에는 우리 몸에서 자양분이 되어 정상적인 생명을 유지시켜 주는 여러 가지 생명물질들이 있다. 이들을 영양소라고 부른다.

인간이 필요로 하는 영양소에는 모두 50여 가지가 있다. 그 중에서도 당질, 단백질, 지방질을 3대 영양소라고 하며 여기에 무기질, 비타민을 합하여 5대 영양소라고 한다. 영양소에는 기능에 따라 열량소, 구성소, 조절소가 있다. 열량소는 그림 2-1에서와 같이 인체 내에서 에너지 공급에 관한 일을 하는 것으로, 당질과 지방질 외에 일부 단백질이 이에 해당된다. 체 조직 구성 성분이 되어 구성소 역할을 하는 영양소로는 단백질과 지방질, 미네랄이 있으며, 체내에서 각종 조절 기능을 하는 조절소로는 비타민과 미네랄 외에 단백질이 있다.

조절소인 비타민과 미네랄은 미량 영양소이다. 하지만 체내에서 각종 물질 대사를 조절하고 3대 영양소인 다량 영양소의 주 기능을 돕는 조정 역할을 한다. 다량 영양소는 미량 영양소가 없으면 아무 일도 하지 못한다.

그러므로 정상적인 신체의 성장과 유지, 그리고 에너지를 공급받기 위해서는 지속적으로 매일 이들을 일정량 섭취해야 한다. 하루에 필요한 영양소를 고루 섭취하기 위해서는 여러 가지 식품(음식)을 선택하되, 균형과 분량을 생각하고 따지면서 먹는 것이 중요하다.

우리 몸 안에서 주도적인 역할을 하는 것은 물론 다량 영양소들이며 그중에서도 당질은 특히 경제적인 에너지 공급원으로서 활동 에너지와 신경 조직의 에너지 공급원이 된다. 지방질은 에너지 공급원이자 생체 구성 성분이며 에너지 저장원이 된다. 그리고 단백질은 성장과 신체 구성 성분이 되며 체내의 수

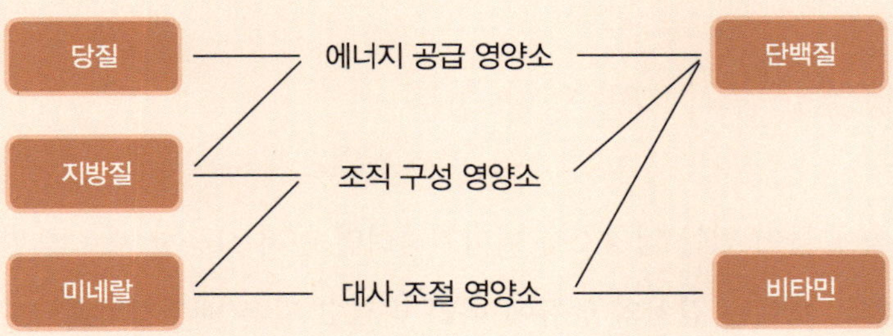

그림 2-1 | 우리 몸에 필요한 5대 영양소와 그 역할

분 조절과 각종 기능 조정 역할을 한다.

한편 조절소 역할을 하는 비타민에는 A, B군(B1, B2, B6, B12, 나이아신, 판토텐산, 엽산 등), C, D, E, K 등이 있다. 역시 조절소 역할을 하는 미네랄에는 칼슘, 인 등의 성분 외에 철분, 아연, 셀레늄, 크로뮴, 구리 등의 성분들이 있다.

비타민은 대체로 생체 반응에 관여하는 효소의 역할을 돕는 조효소의 구성 성분이 된다. 그리고 세포의 분화와 성장에 관여하는 호르몬의 전구물질로 작용한다. 한편 미네랄은 경조직의 구성 성분이 되고 생리적 반응을 촉매하며 호르몬의 작용을 돕는다. 또한 체내의 수분 및 산-알칼리 평형 유지에 기여한다.

한편 우리 식생활에서 김치가 차지하는 역할은 막중하다. 특히 영양학적으로 밥이나 국(또는 찌개) 등에서 부족한 비타민, 무기질, 식이섬유소 등을 김치가 공급하고 있는 셈이다. 즉 한국인의 식생활에서 결핍되기 쉬운 비타민 A, B군, C, 엽산, 칼슘, 철분, 섬유질의 섭취에 주요한 몫을 차지한다.

이제 김치에 함유된 일반 영양소에 대하여 구체적으로 알아보자.

김치 영양소 중의 일반 영양 성분

김치 속에 들어 있는 영양소를 이야기하려면 먼저 사용한 재료를 말하지 않을 수 없다. 재료는 김치의 종류에 따라 다르고 같은 배추김치에서도 재료의 구성이 다양하다. 재료 구성에서 70% 이상을 차지하는 주재료(배추김치의 경우 배추가 됨)의 영양학적 특성이 중요하다. 하지만 향신료 등 여러 가지 다른 재료들의 구성비가 30%나 되기 때문에 이들의 영향도 크게 받는다. 그리고 발효 과정에서도 비타민 등의 성분이 생성되기 때문에 일부 성분 조성이 달라진다. 그러므로 김치의 영양 성분은 재료의 구성 및 발효 상황에 의하여 결정된다고 할 수 있다.

김치의 주요 영양소 성분 조성을 살펴보면 표 2-2와 같다. 일반 김치류에 해당하는 배추김치와 깍두기, 물김치의 하나인 동치미에 대한 성분표이다. 배추김치와 깍두기에는 단백질 2.2와 2.1%, 당질 4.7과 7.0%, 지방질 0.7% 내외, 조섬유 0.7과 0.8%, 조회분 3.1과 1.9%가 각각 함유되어 있다. 동치미의 경우는 앞의 두 종류와 비교하면, 수분 함량이 많은 반면에 단백질과 지방질, 섬

표 2-2 | 김치의 주요 영양 성분 조성

(김치 100 g 기준)

영양 성분	배추김치	깍두기	동치미
수분(g)	88.8	87.7	93.6
조단백질(g)	2.2	2.1	0.7
당질(g)	4.7	7.0	1.1
조섬유(g)	0.7	0.8	0.4
조회분(g)	3.1	1.9	0.2
칼슘(mg)	45.0	43.0	1.0
철(mg)	0.4	0.4	12.0
비타민 A(R.E)	16.0	9.0	흔적
비타민 B1(mg)	0.05	0.04	0.01
비타민 B2(mg)	0.08	0.06	0.03
나이아신(mg)	0.5	0.4	1.0
비타민 C(mg)	21.0	11.0	7.0

주) 한국영양학회: 『한국영양권장량』, 244쪽(1995)에서 인용

유질 함량이 적다. 동치미의 단백질과 지방질의 함량이 적은 것은 담글 때 물을 많이 넣고 젓갈이나 생선 등의 동물성 재료를 거의 사용하지 않기 때문이다. 이들 주요 김치들의 수분 함량이 87.7~93.6%인 것을 고려한다면 여러 가지 성분들의 함량이 결코 적은 것은 아니다.

배추김치의 당질 함량은 재료로 사용한 배추 품종에 따라 달라진다. 배추김치에 함유되어 있는 유리당은 포도당, 과당, 만노오스, 갈락토스 등이며, 무김치인 깍두기의 중요한 유리당류는 포도당, 만노오스, 과당, 만니톨이다. 이들 유리당류는 김치 속의 유산균 등 미생물의 영양원으로 이용되고 일부는 국물의 단맛을 내는 성분이 된다.

단백질 중의 아미노산은 상당량이 유리 형태로 존재하며 김치 재료 중 젓갈, 어류, 육류 등의 첨가량에 따라 함량이나 질적 내용이 달라진다. 그 중에서도 글루탐산, 아르지닌, 라이신 등이 많다. 그리고 건더기뿐만 아니라 김치 국물에도 유리아미노산이 함유되어 있다. 이들 유리아미노산은 영양학적 의미 외에도 미생물의 질소원으로 또한 김치의 감칠맛에 기여한다.

한편 김치의 지방질은 0.1~0.2% 범위로, 상대적으로 그 함량이 적으며, 젓갈 등을 첨가하지 않는 동치미 등의 물김치는 더 적은 편이다. 지방질은 주재료 외에 첨가한 젓갈이나 향신료 등에서 유래된 것이다.

김치에 함유된 미네랄과 비타민

미네랄 성분

김치의 미네랄 중에서 주요 성분인 칼슘과 철분의 함량은 표 2-1과 같다.

인체 내에서 뼈의 발달과 유지, 혈액 응고, 신경 자극 전달, 근육 수축, 세포대사에 관여하고 있는 칼슘은 배추김치 45 mg%, 깍두기 43 mg%, 동치미 1 mg%가 함유되어 있다. 면역 기능, 인지 발달, 체온 조절 및 열량 대사 등에 관여하는 철분의 함량은 배추김치와 깍두기의 경우 0.4 mg% 수준이다. 재료 중의 미네랄 함량이 비교적 높은 갓(청갓)을 주재료로 해서 담근 갓김치의 경우, 칼슘과 인 성분이 비교적 높아서 각각 120 mg% 및 80 mg% 수준이다. 이들의 비율(Ca : P)은 1.4 이상이 된다. 일반적으로 이 비율이 높을수록 체내 흡수가 잘 된다고 알려져 있는데, 갓김치는 상대적으로 이 비율이 높은 편이다. 그리고 갓김치의 철분 함량은 배추김치의 3배 이상이라고 한다.

또한 김치에는 기타 무기질 성분들(Co, Zn, Se)도 미량 함유되어 있다. 전체적으로 김치는 여러 가지 재료로부터 유래된 미네랄 성분이 다양하면서도 풍부한 편이며, 따라서 미네랄 급원으로서 좋은 식품이라고 할 수 있다.

비타민 B군 및 C가 발효 과정에서 생합성된다

원래 재료가 지니는 비타민 성분이 아니고 담금 후 김치의 발효 과정에서 몇 가지 비타민이 생합성된다고 한다. 먼저 비타민 B군부터 알아보자.

김치는 여러 가지 종류의 비타민 B군 영양소들을 함유하고 있다. 표 2-1에서와 같이 비타민 B1은 배추김치 0.05 mg%, 깍두기 0.04 mg%, 동치미 0.01 mg%이며, 비타민 B2는 각각 0.08 mg%, 0.06 mg%, 0.03 mg%이다. 그리고 비타민 B군의 하나인 나이아신(niacin)은 각각 0.5 mg%, 0.4 mg%, 1.0 mg%이다.

배추김치 발효 과정 중 주요 비타민 B군의 함량 변화가 흥미롭다. 배추김치를 담근 후 2~7℃에서 발효시켰을 때 이들 비타민 B군의 함량 변화는 그림 2-2와 같다. 비타민 B1, B2, B12 및 나이아신 등은 발효 초기부터 서서히 증가하여 김치가 맛있게 익을 시기, 즉 숙성기라고 할 수 있는 21일에 최고의 함량에 달하고 그 후에 다시 빠르게 감소한다. 특히 이 시기의 B1과 B2의 함량은 초기의 2배에 달한다.

이와 같은 김치 발효 과정에서 나타나는 비타민 B군의 증가 현상은 미생물에 의한 생합성의 결과라고 판단하고 있다. 관련 미생물의 종류와 발효 조건에 따라 최고 4배까지 그 함량을 증대시킨 결과도 있다.

비타민 C 역시 김치에서는 매우 소중한 영양소이다. 김치에서 비타민 C는 표 2-1에서와 같이 21 mg%(배추김치), 11 mg%(깍두기), 7 mg%(동치미) 함유되어 있다. 배추김치는 재료 구성에 따라 최고 27 mg%에 이르기도 하므로 다른 식품들에 비해서 상대적으로 그 함량이 높아서, 비타민 C의 좋은 공급원이 된다. 김치 발효 과정 중 비타민 C가 국물 쪽으로 용출되어 국물에서는 이의 함

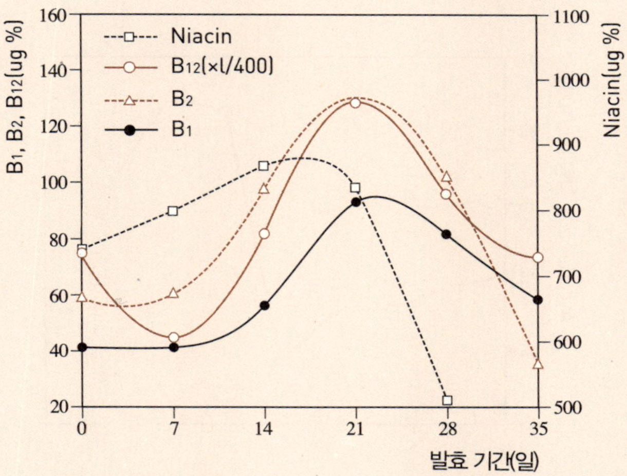

그림 2-2 | 배추김치 발효 과정 중 비타민 B군의 함량 변화

주 1) 발효 온도는 2~7℃임.
2) 이태녕 등: 『과연휘보』, 5호 43쪽(1960)에서 인용

량이 증가되는 경향을 보인다. 이러한 비타민 C의 함량은 김치의 종류, 재료의 종류와 배합 비율, 발효 조건 등에 따라 달라진다.

앞에서 살펴본 비타민 B군과 같이 김치 발효 과정 중 비타민 C 역시 그 함량이 변한다. 발효 초기의 비타민 함량은 발효의 진행과 함께 어느 시기에 증가하였다가 다시 감소한다. 발효 환경에 따라 미생물의 이용에 의한 감소, 발효 과정 중의 생합성, 다른 물질로의 전환 등 여러 가지 과정을 겪을 것으로 생각된다. 비타민 성분 중에서도 비타민 C가 김치에 가장 많이 함유되어 있다.

그림 2-3은 배추김치 발효 과정(온도 7℃) 중 비타민 C(ascorbic acid) 함량 변화

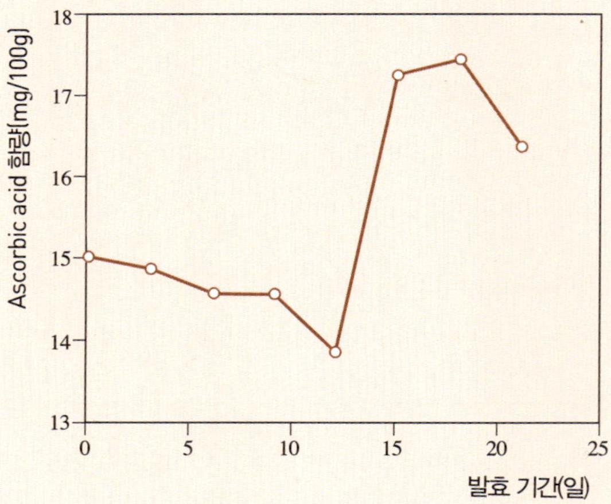

그림 2-3 | 배추김치 발효 과정 중 ascorbic acid(비타민 C) 함량의 변화

주 1) 김치의 발효 온도는 7℃임.
2) 이희순 등: 『한국영양식량학회지』,17권 101쪽(1984))에서 인용

의 한 모델을 보여 주고 있다. 이 결과에 의하면 재료에 함유된 것은 평균 15.2 mg%이지만 발효가 진행되면서 서서히 감소하고 12일경부터 다시 증가하여(김치의 숙성기: 12일~18일) 거의 18 mg%에 이르고 있다. 이와 같은 증가 현상으로 김치 발효 과정 중 비타민 C의 생합성이 일어나고 있음을 알 수 있다. 중요한 것은 비타민 C 역시 비타민 B군과 마찬가지로 발효 과정 중에 생합성된다는 사실이다. 이 모델실험 외에 다른 실험에서는 이보다 더 높은 수준의 생합성 함량을 보이는 결과도 발표되고 있다.

김치의 발효 과정에서 일어나는 비타민 C의 생합성에 대한 연구는 꾸준히 계속되고 있다. 대부분의 김치 발효에서 일정 기간 증가 현상이 일어나고 있기 때문이다. 다양한 생합성 모델을 이용한 실험에서 비타민 C의 생합성이 증명되고 있으며, 다른 나라 학자들의 연구에서도 미생물 발효에 의한 비타민 C 생합성에 관한 결과들이 발표되고 있다. 주로 포도당을 이용한 미생물의 생합성에 대한 것이며 관련 미생물은 여러 종류의 효모나 세균들이다. 이는 대단히 흥미로운 과제이며, 앞으로 김치 체계에서의 생합성과 그 경로에 대한 연구가 계속되어야 할 것이다.

기타 비타민

비타민 A의 함량은 표 2-1에서와 같이 배추김치 100 g 중 16.0(R.E)이며 깍두기는 그보다 낮고 동치미에는 미량 함유되어 있다. 비타민 A의 전구물질인 카로틴은 고춧가루, 당근, 갓, 무청 등의 재료 첨가량에 영향을 많이 받는다. 따라서 재료를 적절히 조절하면 '비타민 A 강화김치'를 만들 수도 있다.

김치는
식이섬유소의 보고(寶庫)이다

식이섬유소는 제6의 영양소

식이섬유소는 소화기관의 작용에도 분해되지 않는 분자량이 큰 당질이다. 펙틴이나 덱스트란과 같이 물에 녹는 수용성 식이섬유소도 있고 셀룰로스나 헤미셀룰로스 등에서처럼 녹지 않는 불용성 식이섬유소도 있다. 최근에 식이섬유소의 중요성이 강조되면서 5대 영양소에 이어 제6의 영양소라고 말하고 있다. 식이섬유소의 건강 기능성은 최근에 큰 관심의 대상이 되고 있다.

식이섬유소의 생리적 기능성은 무엇일까?

그 기능 중의 하나는 소화기관에 미치는 영향으로 포만감을 느끼게 하고 배변을 쉽게 하는 작용이다. 이 기능은 주로 수용성 식이섬유소가 담당한다. 수용성 식이섬유소는 많은 물을 흡수하여 스스로 팽윤되어 위와 장에서 포만감을 느끼게 한다. 그리고 불용성 식이섬유소는 대변의 양과 용적을 증가시키고 소화관을 자극하여 장에 있는 내용물의 소화관 통과시간을 짧게 한다. 따라서 식이섬유소는 탈장이나 치질, 충수염 등을 예방하는 데 도움이 된다. 또한 포만감을 지니게 함으로써 음식의 과다 섭취를 막고, 배설 촉진으로 당질 및 지방질의 섭취를 제한하여 비만의 예방이나 치료에 도움을 준다.

또 다른 중요한 기능은 대사성 질병의 예방이다 예를 들면 수용성 식이섬유소는 담즙산의 배설을 증가시켜 담즙산 생성에 주재료가 되는 콜레스테롤의 체내 이용을 높여 준다. 이러한 기능 때문에 혈액 속의 콜레스테롤 농도가 낮아지게 되고, 결국 고지혈증이나 허혈성 심장질환을 예방하는 작용을 하게 된다.

위의 기능 외에도 식이섬유소는 담즙산과 결합하여 소장벽을 통해 재흡수되는 담즙산의 양을 감소시키면서 오히려 담즙산의 분비를 촉진시켜 담석 형성을 억제한다. 또한 식사 후 포도당 흡수를 지연시키면서 혈당 상승을 억제하므로 당뇨병에도 유리하게 작용한다. 최근에는 항암 효과도 널리 알려지고 있다.

오늘날 영양학자나 의사들이 식이섬유소의 중요성을 크게 강조하고 있는 것은 식이섬유소가 갖는 이러한 생리적 기능성 때문이다. 그래서 식이섬유소가 많은 채소나 과실, 해조류, 김치 등의 섭취를 권장하고 있다.

김치의 식이섬유소 함량

주재료가 채소인 김치는 비교적 풍부한 조섬유 또는 식이섬유소를 함유하고 있다. 대체로 채소들은 비타민, 미네랄, 식이섬유소 함량이 높다. 앞의 표 2-1을 다시 한 번 살펴보자. 조섬유 함량은 배추김치 0.7%, 깍두기 0.8%, 동치미 0.4%이다. 이들은 김치의 수분 함량이 각각 87~94% 범위일 때의 함량이므로 고형물만을 고려할 때 김치는 조섬유 함량이 높은 식품이라고 할 수 있다.

김치의 식이섬유소 함량을 구체적으로 살펴보자. 표 2-3은 김치재료와 김치(담근 직후 및 5℃에서 3주 발효)의 수용성 및 불용성 식이섬유소 함량을 나타낸 것이다. 재료의 경우 배추, 고춧가루, 마늘이 모두 높다. 배추김치는 수용성 식이섬

표 2-3 | 김치 재료와 김치의 식이섬유소 함량

(단위 : %)

재료 및 김치	수분	수용성 (A)	불용성 (B)	총 식이섬유소 (A+B)
배추	94.7	0.4 (7.4)	0.8 (14.6)	1.2 (22.0)
무	90.8	0.3 (3.0)	1.5 (16.1)	1.8 (19.1)
고춧가루	17.7	6.1 (7.4)	26.1 (31.7)	32.2 (39.1)
마늘	60.0	9.1 (22.3)	1.9 (4.6)	11.0 (26.9)
생강	82.9	1.0 (5.6)	2.6 (15.3)	3.6 (20.9)
생김치 (담금초일)	91.6	0.5 (6.2)	1.2 (14.5)	1.7 (20.7)
숙성김치 (5℃ 발효 3주)	91.3	0.7 (7.8)	1.4 (16.2)	2.1 (24.0)

주 1) 괄호 내의 값은 수분이 없는 고형물 기준임.
2) 숙성 배추김치(5℃, 3주 발효)의 소금 농도는 3%임.
3) 박건영 등: 『한국영양식량학회지』, 25권 1호, 69쪽(1996)에서 인용

유소가 0.5~0.7%, 불용성 식이섬유소가 1.2~1.4%로 총 식이섬유소는 1.7~2.1%나 된다. 대체로 각종 재료나 김치에서 수용성보다 불용성 식이섬유소가 더 많으며, 그 함량은 김치의 종류 및 재료 특성에 따라 다르다.

표 2-3에 제시된 함량을 보면, 김치 식이섬유소 함량(총 1.7~2.1%)이 적다고 생각될 수도 있으나, 쌀밥 1공기가 0.4 g 내외, 감자 1개가 0.7~0.8 g, 사과 1개 1.4 g 내외인 것과 비교하면 김치의 2.1 g(100 g당)의 양이 결코 작은 것이 아니며, 음식들 중에서 높은 수준임을 알 수 있다. 또 다른 한 연구 결과에 의하면 김치 고형물(건조된 것)의 식이섬유소 함량은 31% 정도로, 위의 24%에 비하면 훨씬 더 높은 것을 알 수 있다.

어쨌든 김치는 음식물을 통해 식이섬유소를 섭취할 수 있는 좋은 공급원임에는 틀림이 없다. 영양학자들이나 의사들은 가능한 음식물을 통해 식이섬유소를 섭취하도록 권유하고 있음을 생각할 때, 마땅히 김치는 식이섬유소 음식의 좋은 예가 될 수 있다.

현대인의 간편식품
과다 섭취와 영양 불균형

김치의 영양에 대해 이야기하다가 갑자기 왜 간편식품이 나왔을지 궁금해 할지도 모른다. 그러나 오늘날 우리 식생활에 있어서 김치의 영양학적 위치를 고려한다면 현대인들의 간편식품 과다 섭취 문제를 알아보지 않을 수 없다. 많은 사람들이 각종 간편식품을 과다하게 섭취하여 생겨난 영양 불균형이 심각한 상황에 있기 때문이다.

현대인의 식생활에서 중요한 위치를 차지하고 있는 식품은 많은 종류의 간편성 지향 식품들이다. 오늘날 우리 주위에는 쉽게, 그리고 맛있게 먹을 수 있는 반 조리식품과 완전 조리식품들이 넘쳐난다. 최근에 크게 인기를 얻고 있는 간편식품은 어떤 것일까? 말 그대로 간편하게 바로 먹거나 간단히 조리해서 먹을 수 있도록 만든 것들이다. 인스턴트식품, 레토르트식품, 냉동식품이 여기에 속한다. 현대인들은 맛있고, 손쉽게 조리하고, 시간을 절약할 수 있는 간편성 식품을 크게 선호하는 경향이 있다.

간편식품의 대표적인 예는 햄버거, 라면, 프라이드치킨 등이다. 비록 최근 소비량의 증가 추세는 둔화되고 있지만 제품의 다양화와 고급화에 따른 고품질 상품화로 그 소비량은 여전히 줄어들지 않고 있다. 레토르트식품 역시 좋은 예라고 할 수 있다. 이는 특수 포장 재료인 레토르트 파우치(retort pouch) 용기에 식품을 넣어 105~115℃의 고온에서 30~60분간 가열 살균한 것으로 보통의 온도에서도 보존 가능하다. 카레 · 짜장 · 쌀밥 · 소스류 · 죽 등이 인기 식품이다. 냉동조리식품은 해당 식품을 급속 동결시킨 후 저온 유통 과정을 통해 판매되며 가정에서 쉽게 해동 · 조리하여 먹을 수 있다. 냉동만두 · 냉동생면 · 치킨바 · 냉동 돈가스 · 냉동튀김 등이 여기에 속한다. 이와 유사하게 식품을 냉동 유통하여 가정에서 쉽게 먹는 상품들도 인기를 얻고 있다.

간편식품 중에서도 외국에서 도입된 햄버거나 치킨, 피자 등의 패스트푸드가 최근 대단한 인기를 얻고 있다. 식욕을 유발하게 하는 이들의 특성은 과연 무엇일까? 실제로 이 의문에 대한 해답은 쉽게 얻을 수 있는 것이 아니다. 이를 위해서는 먼저 집단의 식생활과 식습관에 대하여 생물학적, 문화적으로 접근해 보아야 한다. 아울러 맛과 멋, 건강과 관련된 내용도 검토해야 한다.

현대인들의 식욕을 충족시키면서 즐겨 먹는 음식의 주요 특성을 정리해 보면 표 2-4와 같다. 바삭바삭한 조직감, 달콤함과 탄산미, 기름지면서 질감이 있는 것, 매운 것 등이다. 또한 TV와 핸드폰을 보면서 먹을 수 있는 간편성도 최근에 적잖게 인기를 얻고 있다.

사람들이 프라이드치킨, 포테이토칩, 각종 과자 등의 바삭한 음식에 열광하

표 2-4 | 현대인의 식욕을 만족시키는 간편식품의 특성

- 바삭바삭한 조직감의 특성: 프라이드치킨, 포테이토칩, 돈가스, 각종 튀김 등
- 기름지면서 질감의 특성: 햄버거, 어묵, 삼겹살 구이, 불고기, 아이스크림 등
- 달콤함과 탄산미의 특성: 각종 에너지 음료, 콜라, 사이다 등의 청량음료수
- 진한 매운맛의 특성: 낙지볶음, 제육볶음, 고춧가루를 이용한 매운 음식
- TV와 핸드폰을 볼 때 쉽게 먹을 수 있는 간편성: 라면, 빵과 과자, 기타 여러 가지 스낵 식품

는 이유는 그들 자체가 지니는 본성적인 매력 때문이다. 고소한 맛과 향기, 입안에서 느끼는 조직감, 바삭하고 부서질 때의 소리 등이 미각, 촉각, 후각, 청각을 즐겁게 만들기 때문이다. 미국의 신경인류문화학자인 존 엘런은 그의 저서 『미각의 지배』에서 청각과 소리를 다음과 같이 강조하고 있다.

> "인간이 바삭바삭한 음식을 먹을 때 주로 받아들이는 감각은 미각과 후각이지만 청각도 빼놓을 수 없다. 인간의 관심을 가장 꾸준히 끄는 소리는 바로 먹는 소리이다. ……"

인간의 관심을 지속적으로 이끄는 소리는 역시 먹을 때 나는 소리라는 것이다.

한편 기름지면서 질감을 지닌 동물성 식품 요리의 대부분은 가장 화려하고 매력적으로 우리의 식욕을 충족시킨다. 햄버거, 프라이드치킨, 돈가스는 기름지고 또한 질감을 함께 지니고 있어 여러 연령층이 즐겨 먹는 음식으로 꼽힌다. 달콤함과 탄산미의 특성을 지닌 대부분의 청량음료들은 젊은이들이 즐겨

먹는 음식에 속한다. 이 음료들은 상쾌하면서도 높은 열량식품이기도 하다. 또한 각종 간편식품의 매운맛은 통증이 느껴질 정도로 자극적인 것이 특징이다. 말하자면 쾌감과 통증의 시너지를 함께 즐기는 푸드가즘(foodgasm, 푸드+오르가즘, 대단히 맛있는 것을 먹을 때 느끼는 희열) 음식의 하나이다.

이런 몇 가지 특성의 간편식품은 모두 높은 열량의 에너지 음식이며 청량음료를 제외하고는 대부분 지방질 함량, 특히 포화지방산이나 콜레스테롤 함량이 높다. 지속적으로 과도하게 섭취하였을 때 비만, 대사증후군, 만성질환을 걱정해야 하는 음식들이다. 인간은 음식을 골고루 섭취하기보다 식욕에 따라 좋아하는 음식만을 선택해 먹는 식습관이 있으므로 주의해야 한다.

이런 특성을 지닌 음식들이 좋은 시설의 식당에서 친절한 서비스로 고객을 유혹하고 있다. 그리고 이들 음식이 가정은 물론, 직장이나 개인사업장에까지 배달되고 있다. 이러한 상황은 좋은 점도 있지만, 그림 2-4에서와 같이 영양 섭취의 불균형과 충동적인 과식으로 건강상의 문제를 일으킬 수 있다.

최근에 비만, 고혈압, 심근경색, 동맥경화, 당뇨, 암 등으로 고생하는 사람들이 크게 늘어나고 있다. 이에 대하여 관련 영양학자들과 의사들은 다른 문제들도 있지만, 특히 간편식품의 과다 섭취에 의한 잘못된 식생활이 주요 원인이라고 지적한다. 바로 밀물처럼 밀려 온 새로운 식생활에 기인하는 식원병(食源病), 즉 퇴행성질환이라는 것이다. 일본이나 미국은 물론, 우리나라 역시 심각한 상황에 이르고 있다.

이 때문에 영양학자들과 식품학자들, 관련 의사들은 균형식의 섭취를 강조하고 있다. 균형식은 우리 신체가 필요로 하는 영양소 등이 고루 함유된 적당량의 식사를 뜻한다. 우리는 균형 잡힌 식사를 통해서 비로소 신체가 필요로 하는 여러 가지 영양소와 생리활성물질 등을 골고루 얻을 수 있다. 결과적으로, 섭취한 음식은 그림 2-4에서와 같이 우리에게 육체적인 건강뿐 아니라 정신적인 안정감을 주게 된다. 당연히 인체 성장뿐만 아니라 신체 조직의 유지와 활발한 기능을 발휘하게 되고 질병에 대한 저항력을 갖추게 된다.

이와 같은 상황에서 우리는 김치를 더 섭취해야 한다. 짜지 않은 싱거운 김치를 하루 100 g(작은 계란 2개 정도의 무게) 이상 먹으면 좋을 것이다. 김치에는 영양의 특별함이 있기 때문이다. 김치가 있는 한식의 밥상을 통해서 김치 영양의 특별함을 좀 더 살펴보기로 하자.

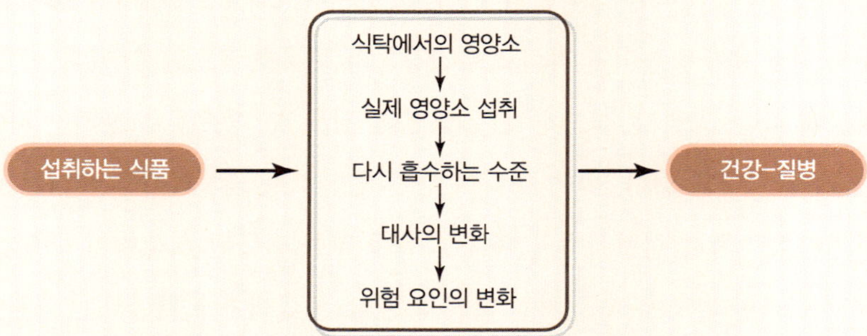

그림 2-4 | 섭취하는 식품과 질병과의 관계

주) 농촌진흥청국립농업과학원: 『한식과 건강』, 270쪽(2010)에서 인용

'밥-국(또는 찌개)-김치'의 영양학적 균형

김치의 영양학적 특성을 보면, 김치는 당질과 단백질, 지방질 함량이 낮고 식이섬유소 함량이 상대적으로 높아서 저열량 다이어트 식품으로 꼽힌다. 또한 비타민과 미네랄이 많이 함유되어 있으며, 특히 비타민 A와 B군, C가 많은 편이다. 원래 김치는 배추 · 무 · 마늘 · 고추 · 당근 · 파 등의 채소와 작은 양의 동물성 재료를 함께 조합하여 유산균으로 발효시킨 것이다. 이 때문에 김치는 건강식품으로 꼽히고 있으며, 김치의 영양학적 가치와 건강 기능성이 재평가되고 있는 것이다.

김치의 영양은 왜 특별한가? 우리의 식생활과 식단, 그리고 한식밥상을 살펴보면, 그 특별함을 더욱 명확하게 이해할 수 있을 것이다.

옛날부터 우리나라 식생활에는 기본적인 상차림이 있었다. 한식 상차림의 기본은 밥과 국(찌개), 김치의 세 가지이며, 이들 외에 다른 여러 가지 반찬을 3

개씩(3첩 반상) 또는 5개씩(5첩 반상) 추가하여 상 위에 올려놓았다.

이전에는 많은 사람들이 밥과 국(또는 찌개), 김치의 밥상이라고 하면 초라한 한 끼 음식으로 생각하였다. 그러나 이제는 그러한 밥상이 균형을 이룬 건강식으로 각광을 받는 시기가 되었다. 영양학적으로나 의학적으로 이러한 사실이 하나둘 증명되고 있기 때문이다.

예를 들어 보자. 우리 선조들이 늘 애용하였던 '밥-된장찌개-김치'의 상차림은 주식과 부식의 관계에서도 조화를 이루고 있지만, 영양학적으로도 극히 합리적이다. 즉 균형을 이룬 균형식이라고 할 수 있다. 그림 2-5에서와 같이 세 가지 음식의 오묘한 삼각형 구도에서 세 정점에 기본 음식인 밥과 된장찌개, 김치가 위치하고 있다. 그리고 이 기본 음식들 외에 여러 가지 다른 반찬들이 삼각형의 각 변에 놓여 있다. 이러한 삼각형 구도에서 각 정점에 위치하는

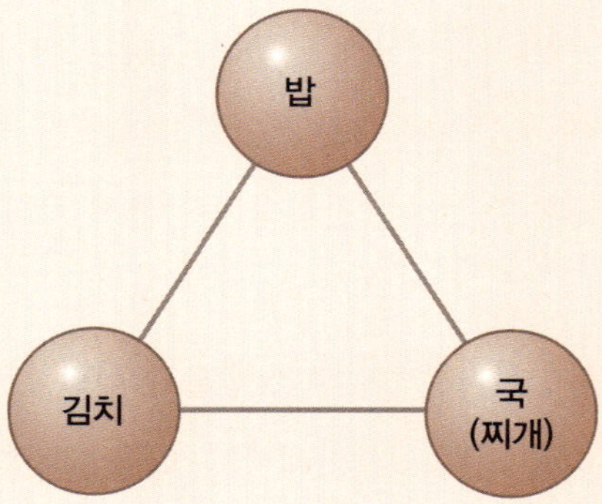

그림 2-5 | 전통적인 한식 밥상차림의 기본

밥과 된장찌개, 김치를 차례로 간단히 살펴보자. 쌀 · 보리 등으로 지은 밥, 된장과 두부 등으로 조리한 된장찌개, 여러 가지 채소발효식품인 김치, 이들 세 가지 음식의 영양학적 균형과 조화는 놀라울 정도이다.

영양이란 입장에서 간단히 표현해 본다면, 밥은 우리에게 칼로리, 즉 에너지를 제공하는 당질 음식이다. 콩으로 만든 된장과 두부는 단백질과 지방질이 풍부하다. 그래서 쌀과 콩, 이 두 가지의 만남은 우리에게 3대 영양소인 단백질 · 당질 · 지방질 영양을 충족시켜 준다. 더욱이 단백질 영양면에서 쌀 단백질과 콩 단백질의 조합은 양적 측면뿐만 아니라 필수 아미노산의 구성을 질적으로 향상시키고 있다. 또한 콩에 함유된 지방질은 전형적인 식물성 지방질로서 콜레스테롤이 적고 필수 지방산이 많다.

밥과 된장찌개, 두 음식의 만남을 극적으로 빛나게 하는 것은 김치이다. 김치는 비타민, 미네랄, 식이섬유소가 풍부한 음식이다. 단백질과 당질, 지방질에 이어 여기에 김치의 비타민, 미네랄, 식이섬유소가 추가된다. 즉 6대 영양소가 함께 어울려 밥상의 내용이 영양학적 완성을 이루도록 한다. 이와 같은 '밥-국(또는 찌개)-김치'의 기본적인 삼각형 구도에서 이 세 가지 음식의 조화는 전형적인 균형식이 된다. 그리고 삼각형의 각 변에 위치하는 몇 가지 반찬이 이 세 가지 기본 음식의 영양을 보조해 줄 수 있다.

전통적인 우리 상차림에 대한 내용을 여기에서는 영양학적 입장에서 다시 정리하여 보았다. 김치는 과연 영양적인 면에서 특별한 존재이다. 이와 같은 특별한 내용의 영양(소)에 이어 여러 가지 건강 기능성도 지니고 있다. 김치의 건강 기능성은 다음 장에서 보다 자세하게 살펴볼 것이다.

·3·

김치의 놀라운 건강 기능성(1): 항산화 · 항노화 · 항동맥경화

"김치의 주요 건강 기능성은 항산화 및 항노화 작용, 항돌연변이 및 항암 작용, 다이어트 효과, 동맥경화 예방 및 혈전 용해 작용, 정장 작용 및 변비 예방 효과, 항균 작용, 식욕 증진 작용 그리고 면역 증진 작용 등이다."

- 이 책의 3장 본문에서

식품 및 김치의
건강 기능성

식품의 건강 기능성

먼저 식품의 건강 기능성에 대하여 간단히 살펴보자.

앞의 1장에서 살펴본 바와 같이 식품의 기능에는 관능적 기능성, 영양 기능성, 건강 기능성이 있다(그림 1-1 참조). 최근 많은 사람들이 식품의 건강 기능성에 특별한 관심을 갖고 있다. 질병 예방, 부분적인 치료 그리고 회복에 큰 역할하고 있기 때문이다. 특히 김치가 세계 5대 건강식품에 선정된 이후 드디어 김치의 영양 및 건강 기능성이 세계적인 관심사가 되고 있다.

건강 기능성은 인체의 면역계, 내분비계, 신경계, 순환계, 소화기계 등의 비정상적인 변화를 예방 또는 조절하는 특성을 말한다. 보통 이를 건강 기능성 또는 좁은 의미의 기능성이라고 한다. 그리고 이러한 독특한 식품을 간단히

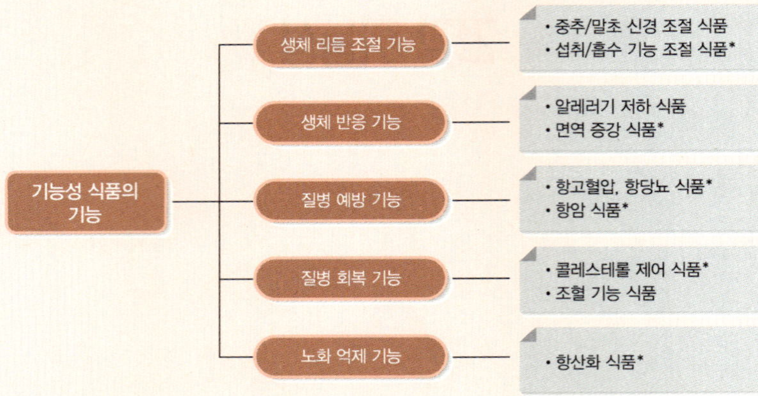

그림 3-1 | 식품의 건강 기능성 종류와 주요 건강 기능 특성

주) 주요 기능 특성에서 별표가 있는 것은 김치에서도 해당됨.

건강 기능성 식품(physiologically functional foods 또는 functional foods)이라고 말한다. 이는 일반식품, 영양강화식품, 특수영양식품과는 구별되는 특정 보건용 식품이라고 할 수 있다.

건강 기능성을 세부 기능별로 다시 살펴보면 그림 3-1과 같다. 김치를 중심으로 이를 간단히 살펴보면 1)항산화를 포함하는 노화 억제 기능, 2) 신경 및 섭취 · 흡수 기능을 조절하는 생체 리듬 조절 기능, 3) 면역 증강의 생체 반응 조절 기능, 4) 항고혈압 · 항당뇨 · 항암 등의 질병 예방 기능, 5) 조혈 등의 질병 회복 기능 등이 있다.

김치의 건강 기능성은 무엇인가?

이제 구체적으로 김치의 건강 기능성을 살펴볼 차례이다.

김치는 여러 가지 재료를 사용하고, 또한 유산균에 의하여 발효된 것으로 소중한 건강 기능성 물질이 다양하게 함유되어 있다. 따라서 김치는 이들에 의하여 각종 효능을 나타내는 소중한 건강 기능 식품이다. 김치의 주요 건강 기능성은 표 3-1에서와 같이 항산화 및 항노화 작용, 항돌연변이 및 항암 작용, 다이어트 효과, 동맥경화 예방 및 혈전 용해 작용, 정장 작용 및 변비 예방 효과, 항균 작용, 식욕 증진 작용, 면역 증진 작용 등이다. 이들에 대해서는 하나하나 자세히 살펴볼 것이다.

김치에 함유된 건강 기능성 물질에는 재료에서 오는 기능성 물질, 유산균 발효 작용에서 생성된 기능성 물질이 있다. 이들 건강 기능성 물질을 정리하면 다음과 같다.

표 3-1 | 김치의 건강 기능성

- 항산화 작용
- 항노화(항피부노화 포함) 작용
- 동맥경화 예방 및 혈전 용해 작용
- 항비만 (다이어트) 효과
- 항돌연변이 및 항암 작용
- 정장 작용, 변비 예방
- 항균 작용 및 면역 증진 작용
- 식욕 증진

김치의
건강 기능성 물질

김치 재료에서 유래된 건강 기능성 물질

먼저 김치 재료에서 유래된 건강 기능성 물질에 대하여 살펴보기로 한다. 김치는 주재료 · 향신료 · 조미료 · 기타 부재료의 적절한 선택과 배합에 의한 하나의 재료종합음식이다.

주재료인 배추 · 무 · 오이 · 파 · 갓 · 고들빼기 · 깻잎 · 부추 · 우엉 · 풋고추 · 케일 · 도라지 등에 따라 배추김치 · 깍두기 · 오이김치 · 파김치 · 갓김치 · 고들빼기김치 · 깻잎김치 · 부추김치 · 우엉김치 · 풋고추김치 · 케일김치 · 도라지김치가 된다. 그러므로 주재료의 종류에 따라 다양한 기능성 물질이 함유된다.

한편 향신료는 김치 기능성에 주요 역할을 담당한다. 특히 마늘 · 고추 · 파

· 생강이 중요하며 이들은 대부분의 김치에서 거의 모두 이용되고, 향미 부여에 이어 중요한 건강 기능성 물질을 제공한다. 김치가 건강 기능성 식품으로서 각광을 받는 것은 이들 향신료의 역할이 크다. 소위 식약 성분, 즉 식품이면서 의약 성분이 많기 때문이다. 그리고 주재료와 향신료 외에 기타 부재료나 조미료에도 다양한 건강 기능성 물질이 함유되어 있다.

재료 및 발효 유래의 기능성 물질을 정리하면 표 3-2에서와 같다. 재료 기원의 중요한 기능성 물질에는 카로티노이드, 클로로필, 플라보노이드, 아스코르브산, 캡사이신, 알릴설파이드, 알리신, 메틸리노레이트 등이 잘 알려져 있다. 이들 외에도 많은 물질이 함유되어 있을 것으로 생각된다. 이들이 갖고 있는 고유 기능성은 다음에 살펴보기로 한다.

김치 발효 기원의 건강 기능성 물질

김치는 유렵의 샐러드처럼 몇 가지 채소 중심의 단순 혼합 음식이 아닌 재료 종합식품이면서 유산균 발효식품이다. 김치 발효 과정 중 유산균에 의하여 동질 또는 이질유산발효가 진행되므로 유산균의 증식, 발효 작용 및 대사 과정에서 여러 가지 물질들이 생성된다.

그 중에서도 중요한 것은 유기산이다. 특히 기능성 유기산으로는 유산, 구연산 등이 있다. 또한 비타민 B군, 아스코르브산(비타민 C), 아세틸 코린, 덱스트란, 박테리오신 등이 중요한 물질이다. 그리고 유산균의 균체 세포벽 구성 성분인 글리코펩타이드(glycopeptides) 등도 잘 알려진 기능성 성분의 하나이다. 이들 성분들의 건강 기능성을 간단히 정리하면 표 3-2와 같다.

이들에 의한 김치의 건강 기능성은 다음에서 하나씩 나누어 살펴보고자 한다.

표 3-2 | 김치의 주요 기능성 물질과 그들의 작용

구분	주요 기능성 물질	주요 생리적 기능성과 작용
재료 기원	카로티노이드 및 클로로필 아스코르브산 식이섬유소 페놀수지 캡사이신 진저롤 알리신 및 유황화합물 인돌 화합물	항산화 · 항노화 · 항암성 항산화 · 항노화 · 항암성 항암 · 항비만 · 항변비 항산화 · 항노화 · 항암성 면역증진 · 항암 · 항비만 용혈 · 항균 · 식욕 증진 항암 · 항균 · 활력 증진 항암
발효 기원	락트산(유산) 및 유기산 락트산균(유산균) 글리코펩타이드 아세틸콜린 덱스트린 박테리오신 γ-아미노뷰트릭산	항균성 · T-cell 조정 항균성 · 항암성 등 항암성 · 항균성 · 면역 증진 항변비 · 정장 작용 항변비 · 정장 작용 항균성 항변비 · 정장 작용

주) 최홍식: 『김치의 발효와 식품과학』, 409쪽(2004)에서 인용

김치의
항산화성

항산화성과 김치 재료의 항산화성

산화와 항산화성

최근에 일고 있는 산화와 항산화성에 대한 특별한 관심은 가히 놀라울 정도이다. 특히 언론 매체들에서 연일 항산화와 항산화 물질(또는 항산화식품)에 대하여 다루고 있다. 이러한 언론 매체의 홍보는 사람들로 하여금 더 큰 관심을 갖게 한다. 실제로 항산화성은 누구에게나 중요한 건강 기능성의 하나이다.

항산화성 및 항산화 물질을 설명한다는 것은 결코 쉬운 일이 아니다. 하지만 가능한 쉽게 풀어 설명해 보려고 한다. 일반적으로 생체 내에서 또는 생체 외에서 여러 형태의 산소를 흡수함으로써 연쇄적으로 일어나는 모든 반응을 산화라고 한다. 이는 지방질은 물론, 생체의 모든 구성 성분에서 일어나며 때로는 심각한 생리적 장애 및 질병을 유발하게 한다.

이에 대한 항산화 작용은 반응지방질의 산화 억제, 산화촉진제의 불활성화, 활성산소종이나 유리라디칼의 제거, 산화 관련 효소군의 활성억제 등의 기능을 나타내는 종합적인 특성을 말한다. 그리고 이러한 항산화에 기여하는 물질을 항산화 물질이라고 한다.

항산화 물질의 항산화 작용은 일차적으로 식품이나 인체 속의 지방질 성분의 산화 방지에 직접 관여하여 산패에 의한 변질을 막는다. 그보다 더 중요한 것은 여러 가지 건강 기능적 활성, 즉 노화를 억제하는 항노화성, 세포의 돌연변이를 억제하는 항돌연변이성, 암의 생성 및 전이를 저지하는 항암성, 동맥경화를 예방하는 항동맥경화성 등에 직접 또는 긍정적인 영향을 준다는 사실이다. 항산화성은 주로 이들 질병의 원인이 되는 과산화물질 · 활성산소 · 유리라디칼들을 제거하거나 그들의 활성을 약하게 하는 역할을 한다.

김치 재료에서 유래된 항산화성

김치의 항산화성을 본격적으로 살펴보기 전에 먼저 김치 재료의 항산화성에 대하여 알아보자. 원래 주재료인 배추에는 쿠에르세틴과 같은 플라보놀, 클로로필이나 카로티노이드 등의 항산화 물질이 많이 함유되어 있다. 신선한 배추나 절인 배추에서 모두 항산화성이 나타나고 있다. 채소 중에서도 갓은 더 강한 항산화성이 있으며 안토시아닌, 클로로필, 카로티노이드 등의 비교적 강력한 항산화 성분이 있다.

향신료 중에서 고추는 토코페롤, 카로티노이드, 캡사이신 등에 의하여, 마늘은 알리닌, 가릭산, 유황화합물 등에 의하여 항산화성이 나타난다. 그리고 생강에 함유되어 있는 진저롤, 쇼가올 등의 성분도 항산화성을 나타내는 것으로 알려져 있다. 또한 파나 부추에 함유되어 있는 여러 가지 종류의 플라보노이드계 물질이나 카로틴 및 아스코르브산 등의 물질이 항산화성에 기여한다.

재료의 항산화 작용에 관한 부산대학교 김치연구소의 연구 결과들이 많이 있다. 김치의 주재료와 부재료의 단순 조합으로 만든 것들을 발효 후 건조한 다음 이들을 물로 추출(물 추출물)하거나 메탄올로 추출(메탄올 추출물)하여, 이들 추출물의 항산화성을 살펴보았을 때 마늘-배추, 고춧가루-배추, 생강-배추에서 높은 항산화성을 나타냈다. 또한 토끼에게 12주간 김치 재료를 급여하여 토끼 간 조직의 산화효소계 활성에 미치는 영향을 살펴본 결과, 슈퍼옥사이드 디스뮤타제 등의 효소 활성이 높아진다고 한다. 여기서 슈퍼옥사이드 디스뮤타아제는 산소종의 하나인 슈퍼옥사이드의 위험을 줄이는 효소이다. 김치 재료의 첨가로 산화 관련 효소의 활성을 줄이거나 그들의 위험을 줄일 수 있는 것이다.

김치의 항산화성이 처음 확인되다

김치 자체의 항산화에 관한 생체 외 수준에서의 연구에서는 어떤 결과를 얻었을까?

생체 외 수준의 연구는 본격적인 항산화, 항노화, 항암 등에 대한 첫 번째 단계의 중요한 기초연구이다. 이 연구는 실험동물을 이용하여 실시하는 생체 내 실험의 전 단계 연구라고 할 수 있다. 주로 여러 가지 반응 모델을 이용하여 연구가 이루어지고 있으며, 지난 1990~2005년의 기간 중에 부산대학교 김치연구소에서 이와 관련된 많은 연구가 활발하게 진행된 바 있다.

항산화성에 대한 첫 단계 실험의 하나로 배추김치를 첨가한 '가열우육(牛肉) 모델시스템'에서 김치가 소고기 지방질의 산화에 미치는 영향을 살펴본 연구 결과가 흥미롭다. 김치를 첨가한 실험군에서 강한 항산화성을 보였는데, 김치가 우육 지방질의 산화 진행을 억제하였고 산화 생성물도 훨씬 감소시키는 놀라운 사실이 확인되었다. 김치의 항산화성이 처음 발견된 것이다. 이러한 항산화성은 김치 첨가 수준이 높을수록 그 효과가 더 큰 것으로 나타났다.

김치를 건조한 후 여러 가지 용매로 추출하여 만든 추출물들이 '리놀레산 혼합물(linoleic acid mixture) 모델 시스템'에 미치는 영향을 살펴본 것 역시 대단히 흥미로운 결과였다. 지방산의 산화 진행에 대한 김치 추출물의 첨가 효과가 확실히 나타났던 것이다. 김치 추출물에 존재하는 수용성 물질이나 지용성 물질 모두 그 정도의 차이는 있으나 지방질의 산화 반응에 대한 억제 작용은 양쪽에서 함께 확인되었다.

김치의 항산화성에서 보다 더 중요한 사실은 김치의 발효 진행에 따라 항산화성이 달라진다는 것이다. 그림 3-2에서와 같이 초기보다는 발효의 진행과 함께 항산화 효과도 점점 높아지며 잘 익은 김치에서 가장 항산화성이 높다가 과숙 김치에서 다시 낮아졌다. 그 내용을 좀 더 구체적으로 살펴보면, 모델 시스템의 산화 반응에서 첨가된 김치의 발효 기간(15℃, 0~16일)에 따라 생성된 산화물인 말론알데하이드(malonaldehyde)의 양(TBA 값)은 발효 첫 날의 것보다 7일에서 더 적고 발효 16일의 것은 상대적으로 발효 7일보다 많았다. 이 사실은 잘 숙성된 김치에서 산화생성물이 더 작아서 항산화성이 높고, 덜 익은 미숙한 것과 너무 숙성된 과숙한 것은 상대적으로 항산화성이 낮다는 것을 의미한다. 즉 잘 익은 김치가 맛도 좋지만 항산화성도 높다는 것이다.

발효 기간에 따라 항산화성이 차이가 있음은 발효의 진행과 함께 항산화성 물질의 질적 양적 변화에 의한 것이다. 특히 김치에서 항산화성 물질로 알려

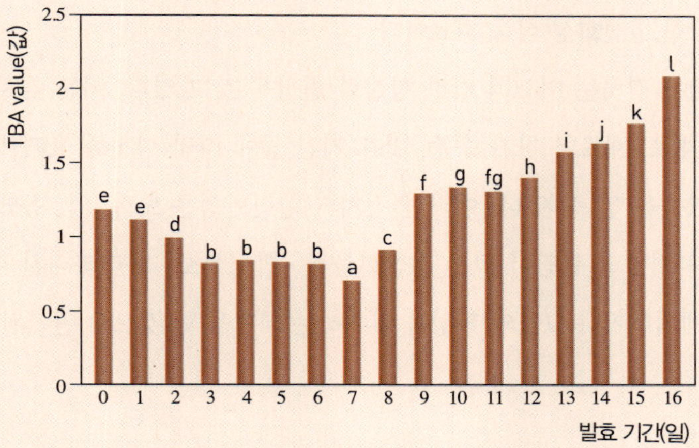

그림 3-2 | 모델 시스템에서 발효 기간이 서로 다른 김치 첨가가 지방질의 산화에 미치는 영향

주 1) 김치의 발효 기간은 15℃에서 0~16일간임.
2) 모델 시스템을 4℃에서 14일간 반응시켰을 때 지방질의 산화생성물 TBA 값임.
3) 막대그림의 숫자가 서로 상이한 것은 통계적으로 유의차가 있음(0.01% 수준).
4) 최홍식 등: 『식품산업과 영양』 제3권 2호 47쪽(1998)에서 인용

진 클로로필, 아스코르브산, 카로티노이드, 페놀물질들의 함량이 발효의 진행에 따라 변하고 있다. 따라서 이들의 변화가 김치의 항산화성의 차이에 직접 영향을 줄 수 있을 것으로 생각된다.

한편 김치의 종류에 따라 김치의 항산화성에서 차이가 있었다. 잘 익은 배추김치, 갓김치, 무김치의 항산화성을 비교한 연구 결과에 의하면, 모든 김치에서 항산화 효과가 관찰되며 갓김치의 항산화 효과가 특히 우수하였다. 또한 일반 김치 담금에 필수적으로 첨가되는 주요 부재료인 파, 마늘, 고춧가루, 생강 등이 갓김치의 항산화성 증진에 미치는 영향은 고춧가루 첨가군, 생강 첨가군, 마늘 첨가군, 파 첨가군의 순으로 높게 나타난다. 고춧가루나 마늘 역시 비교적 강한 항산화성 식품 재료이다.

이와 같이 김치는 비교적 강한 항산화 활성을 갖고 있다. 이는 김치의 주재료 및 부재료, 재료별 첨가 수준, 발효 기간 등에 따라 항산화 효과에서 다소 차이가 있음을 알 수 있다. 이러한 김치의 항산화성은 노화, 암, 동맥경화 등 여러 가지 질병의 원인이 되는 과산화물질 · 활성산소 · 유리라디칼 · 관련 효소 등을 제거하거나 그들의 활성을 억제하는 역할을 할 것으로 판단된다.

김치의 항산화성에 대한 생체 내 연구

김치의 항산화성에 대한 생체 내 연구도 역시 국내에서 상당히 진행되었다. 주로 생체실험용 특수 흰쥐와 토끼를 대상으로 연구하고 있다. 이에 대한 연구는 부산대학교 김치연구소와 인제대학교 식품영양학과 공동으로 진행된 결과가 많으며, 주요 내용을 정리하면 다음과 같다.

여러 가지 실험 결과 중에서도 토끼를 이용한 김치의 생체 내 항산화성 결과가 흥미롭다. 먼저 김치의 주요 재료인 배추, 고춧가루, 마늘 일정량을 토끼식이(食餌)에 첨가하여 사육하면서 토끼의 생리적 항산화 효과를 살펴본 것이다. 고춧가루 첨가군과 마늘 첨가군에서 혈중 저밀도 지방 단백질(low density lipoprotein : LDL)의 산화가 현저하게 낮아졌다. 이는 김치 재료로 사용되는 고춧가루와 마늘 중의 항산화 물질이 저밀도 지방 단백질 산화를 억제하기 때문인 것으로 판단되었다. 또한 김치 재료를 첨가한 식이 섭취 토끼군에서 항산화 효소 중의 하나인 카타라제 활성도 증가하여, 김치 재료 섭취는 생체 내에서 항산화 관련 효소의 활성을 증진시켜 항산화 작용에 기여하고 있음을 알 수 있었다.

한편 배추김치를 동결건조한 후 성질이 다른 용매로 분획추출해서 얻어진 여러 가지 분획물들이 고콜레스테롤 식이를 섭취한 토끼의 체내 지방질에 미치는 영향은 어떠할까? 토끼의 혈장에서 LDL을 분리하여 이들의 항산화 효과를 살펴볼 때, 여러 용매로 추출한 모든 김치 분획물 급여군에서 산화생성물의 함량이 낮으며, 특히 다이클로로메테인 추출분획물에서 항산화 효과가 더 강력하였다. 이는 용매 종류에 따라 추출된 분획물의 세부 성분이 다르기 때문이다. 서로 차이는 있지만 모든 김치추출물들을 급여하였을 때, 이들은 실험토끼 생체 내에서 비교적 강한 수준의 항산화성을 나타내고 있었다.

김치 용매 추출 분획물의 항산화 효과는 사육 기간이 길어짐에 따라 더 증가하는 경향이며 아울러 혈중 콜레스테롤 함량의 상승도 억제한다. 이들 추출물들은 인체 저밀도 지방 단백질(human LDL)에 대한 항산화성에서도 비슷한 경향을 나타내며, 특정 분획물 중에서 분리 확인된 방향족 카복실산(aromatic carboxylic acid) 계열의 물질은 아주 강력한 항산화성을 보여 주었다.

또한 김치 메탄올 추출 분획물은 각종 유리라디칼의 제거 효과가 좋으며, 더 나아가 유리라디칼에 의해 유발된 산화적 스트레스를 줄여주는 데 크게 기여하였다. 특히 생김치의 경우보다 잘 숙성된 김치에서 더 큰 효과가 있었다.

이러한 연구 결과 외에 부산대학교 김치연구소 및 다른 연구기관에서 얻어진 결과도 많이 있으나 여기서는 생략하기로 한다. 중요한 것은 김치 또는 김치 중의 특수 물질들이 생체 외 또는 생체 내에서 강한 항산화성을 나타낸다는 사실이다. 김치에서 분리한 항산화 물질의 작용 특성은 산화물 생성 억제, 수소 공여능 향상, 유리라디칼 제거, 금속 이온의 산화 촉진 작용 억제, 관련 산화 효소 활성 억제 등의 다양한 항산화적 기능에 의한 것으로 판단된다.

김치의
항노화 효능

노화와 항노화성

모든 생물은 일정기간이 지나면 필연적으로 늙게 되고 결국 생명을 잃는다. 그것은 사람과 같은 한 개체의 생명에서나 아주 작은 세포 단위의 생명 모두 해당된다. 그렇다면 늙어가는 과정인 노화란 무엇일까?

노화 현상을 쉽게 풀이하면 개체나 세포가 갖는 각종 기능이 시간의 경과와 함께 점차 저하되는 과정이라고 할 수 있다. 노화 현상은 반드시 생명의 후반기에만 나타나는 것은 아니다. 태어나면서부터 성장과 발달이 진행되고 또 한쪽에서는 서서히 노화가 진행된다. 세포나 조직이나 기관의 성장이 완료되면 그것들부터 벌써 노화가 시작된다는 것이다.

노화의 원인과 진행되는 과정에는 여러 가지 학설이 있다. 그 중의 하나가

'프로그램설'로, 모든 생명체는 처음부터 노화라는 계획된 자기 붕괴의 설계도를 지니고 태어난다는 학설이다. 그리하여 주어진 유전 정보에 의하여 발생 · 분화 · 성숙 · 노화 · 죽음이라는 변경될 수 없는 순서에 따라 조절되고 또 진행된다는 것이다. '손상축적설'이라는 것도 있다. 노화는 내외적 요인에 의하여 세포 또는 생명물질이 손상을 입게 됨으로써 일어난다는 것이다. '유리라디칼설'은 손상을 주는 요인이 바로 유리라디칼이라는 학설이다.

결국 노화 과정이 프로그램되어 있다고 하더라도 유리라디칼 등의 손상 요인에 따라 생체 기능은 시간차를 두면서 노화 과정을 밟게 된다. 그리고 그 정도에 따라 병들고 결국 건강을 잃게 된다. 여기서 가장 중요한 것은 노화를 어느 정도 늦출 수 있는가이다. 당연히 생체 내에는 자체적으로 손상을 방어하는 기능과 손상을 보수하는 작용이 있다. 다만 그 기능과 작용, 즉 항노화성이 세포마다 또 생명체마다 다르다는 것이다. 많은 학자들은 방어 기능과 보수 작용을 어떻게 극대화시킬 수 있느냐에 많은 관심을 갖고 있다. 그리고 이러한 기능과 작용을 도와주는 생명 물질은 무엇이며 어떻게 그것을 얻을 수 있는가 하는 것이 중요한 관심사가 되고 있다.

식품 속의 여러 가지 성분들은 인체의 노화 과정에 직접 또는 간접적으로 관여하고 있다고 한다. 어떤 물질은 노화를 촉진하는 작용이 있으며, 또 어떤 물질은 노화 요인을 제거하고 생체의 손상을 방어하거나 보수하는 물질도 있다. 노화를 지연시키는 데 결정적인 역할을 하는 것 중에 항산화성 물질이 있다.

앞에서 이미 살펴본 바와 같이 항산화성은 유리라디칼이나 활성산소 등을 제거하고 항산화계 효소를 도와주는 특성을 말한다. 즉 산화적 스트레스를 줄여 주는 특성이라고 할 수 있다. 따라서 유리라디칼이란 입장에서 보면, 항산화성은 항노화성과 맥을 같이하고 있음을 알게 된다.

김치의 항노화 효능

김치의 항노화 관련 연구는 아직 초기 단계에 있다. 김치는 항산화성이 있기 때문에 당연히 이와 관련된 항노화성 역시 높다고 판단하고 있다. 그러므로 이 분야에 대한 지속적인 관심과 연구가 촉구되고 있다. 이를 고려하여 부산대학교 김치연구소와 인제대학교 식품영양학과 공동으로 연구한 결과를 살펴보면 다음과 같다.

피부 노화에 대한 김치의 항노화성

지금까지 비록 부분적으로 진행되긴 하였지만, 피부 노화에 대한 김치의 항노화 활성에 대한 연구 결과가 주목을 끌고 있다. 피부 노화와 여인들의 얼굴 미용은 직접 관련이 있기 때문이다. 외부 자극으로부터 인체를 보호하여 주는 피부는 이들 자극에 의하여 지속적으로 손상된다. 특히 자외선 조사, 감염, 충격, 흡연 등의 산화적 스트레스로부터 생성된 유리라디칼이 피부 표피의 세포막이나 단백질, DNA 등에 손상을 주면서 노화가 일어나게 한다. 따라서 피부는 노화 현상을 연구하기에 적합한 대상 중의 하나이다.

피부의 주요 표피세포인 각질세포를 일정 시간(1일 또는 4일) 과산화수소 등에 노출시키면서 산화적 스트레스를 가하였을 때, 김치추출물은 산화스트레스에 의한 세포 독성을 크게 완화시켰다. 특히 숙성이 잘된 김치에서 완화 효과가 매우 큰 것으로 확인되었다. 또한 피부의 진피세포인 섬유아세포에 과산화수소를 가하여 산화스트레스에 대한 김치추출물들의 세포 독성 완화 효과를 살펴본 결과, 잘 숙성된 김치에서 그 효과가 가장 크게 나타났다.

일반적으로 생리적인 노화 진행에 따라 피부 표피의 두께는 얇아지면서 피부 각질화에 관여하는 세포 각질이 증가하고, 진피층 섬유아세포의 거친 내형질세망 활성이 감소하여 콜라겐 생성이 낮아진다고 알려져 있다. 그런데 김치추출물 첨가군의 콜라겐 함량과 섬유아세포의 활동이 첨가하지 않은 대조군에 비해 서서히 변화하는 경향을 보였다. 즉 김치추출물 처리에 의해 피부 노화를 지연시키는 효과가 크게 나타난 것이다.

여기서 더 나아가 털 없는 생쥐의 피부 노화에 대한 김치의 항노화성 연구에서도 흥미로운 결과가 나왔다. 배추김치, 갓김치, 부추김치의 항피부노화 활성을 조사한 연구에서, 긍정적으로 항노화 작용이 확실하게 나타났다. 김치 섭취군의 털 없는 생쥐들은 섭취하지 않은 대조군보다 피부 표피 두께가 두껍고 피부 각질층은 얇았다. 그리고 갓김치와 배추김치군의 경우 진피층 내형질세망의 발달이 활발하였다. 이러한 결과는 결론적으로 김치 섭취가 피부 노화에 대한 뚜렷한 예방 효과를 확인해 주고 있다.

노화 촉진 생쥐에 대한 김치의 항노화성

김치의 항노화성에 대한 생체 내 동물실험의 하나로 노화촉진생쥐(senescence

accelerated mice: SAM)를 이용한 연구에서 보다 구체적인 항노화 효능이 확인되었다. 노화촉진생쥐 먹이에 동결건조한 배추김치, 배추+갓김치, 갓김치 등의 가루를 각각 5% 수준으로 첨가하여 12개월간 섭취시키면서 항노화 특성을 관찰한 것이다. 이들 특수 생쥐 간의 노화 관련 특성인 유리라디칼의 농도와 항산화 효소계의 활성 변화를 살펴보았다. 여기서 배추+갓김치는 배추와 갓을 혼합한 것을 주재료로 사용한 것이다. 그림 3-3에서와 같이 총 유리라디칼은 섭취 기간 중 섭취 개월 수에 따라 증가하나 김치 섭취군에서 6개월 후는 물론, 12개월 후에도 김치를 첨가하지 않은 대조군에 비해 유의적으로 낮은 값을 나타내고 있다. 따라서 김치 섭취는 노화 과정에서 발생되는 간의 유리

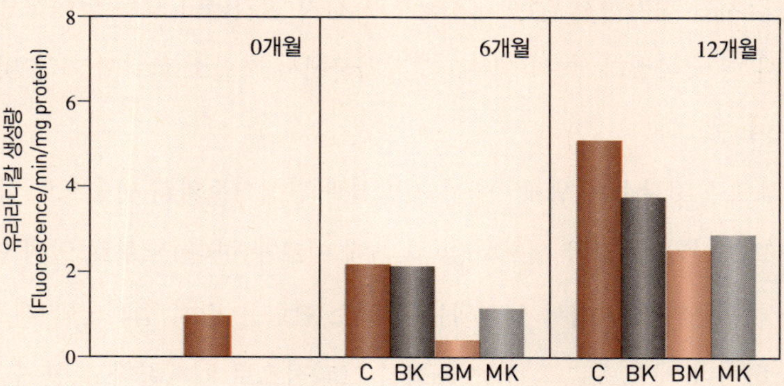

그림 3-3 | 노화촉진생쥐(SAM)에서 김치 첨가식이의 유리라디칼 생성 억제 효과

주 1) C: 대조군, BK: 배추김치 첨가군, BM: 배추+갓김치 첨가군, MK: 갓김치 첨가군
2) 부산대학교 김치연구소 자료(연구보고서)에서 인용

라디칼 생성을 억제한다고 할 수 있다.

또한 같은 실험에서 유리디칼을 제거하는 각종 효소들, 즉 슈퍼옥사이드 디스뮤타제, 카탈라제, 글루타싸이온 퍼옥시다제 등의 효소 활성은 오히려 김치 섭취군에서 유의적으로 증가하였다. 결국 항산화계 효소들이 보다 활성화되어 유리라디칼이 더 많이 제거됨으로써 노화가 억제되는 것이다.

그리고 이때 김치 종류 중에서도 배추김치보다 배추+갓김치와 갓김치가 노화를 억제하는 작용이 더 높게 나타나고 있다. 이는 갓에 함유되어 있는 보다 강력한 항노화성 물질에 의한 것으로 판단된다.

또한 이 실험에서는 다른 흥미 있는 결과도 관찰되었다. 김치 섭취가 노화 촉진생쥐의 안구 지방색소인 지갈소(lipofuscin)에 미치는 영향이다. 지갈소 함량 변화를 보면 섭취 개월이 늘어남에 따라 증가하였으나 6개월 급식에서 지갈소 함량은 김치를 첨가하지 않은 대조군보다 김치 첨가군이 모두 낮아졌으며 12개월에서 더 낮아졌다. 특히 배추+갓김치군에서 지갈소 함량이 가장 낮은 결과를 보여 주었다.

일반적으로 지갈소는 생체막에서 지방질과 활성산소와의 반응으로 함유 단백질을 변성시키며, 결국 세포사(cell death)에 이르게 한다. 노화로 인해 안구를 비롯한 대부분의 장기에서 생성되는 지갈소 함량은 김치 섭취군이 대조군보다 감소하거나 낮으므로, 김치는 노화를 효과적으로 억제한다고 할 수 있다. 특히 배추+갓김치에서 그 효과가 더 좋다.

인체의 노화에 미치는 김치 섭취의 항노화성(기초연구)

김치 섭취가 인체의 노화 억제에 미치는 영향을 살펴보기 위하여 경남 지역에 거주하는 20대 총 93명, 65세 이상 노인 총 143명을 대상으로 김치 섭취량을 조사하고, 이들의 혈액을 채취하여 노화지표로 사용되는 총 유리라디칼 외에 몇 가지 생체 항산화 물질을 분석한 결과가 대단히 흥미롭다. 물론 기초자료에 지나지 않지만 그 결과는 많은 것을 시사하고 있다.

조사대상자의 평균 김치 1일 섭취량인 112 g을 기준으로 하여, 평균 이상 김치 섭취군과 평균 미만 섭취군으로 나누어 결과를 비교하였다. 20대에서는 유의차가 없으나 노인층에서는 평균 이상 김치 섭취군에서 총 유리라디칼 등이 낮으며, 여러 종류의 항산화 물질들이 증가되었다. 이러한 결과는 김치 섭취가 인체의 노화를 억제할 수 있다는 기초자료에 지나지 않지만, 우리에게 의미 있는 내용을 제공하고 있다.

일반적으로 인체의 노화 진행에 따라 혈중 지방질 산화 수준과 유리라디칼의 농도는 증가하지만 이에 방어 작용을 하는 항산화계 물질들은 감소한다. 이에 따라 시간 경과와 함께 산화에 의한 세포나 조직의 손상을 억제하지 못하므로 노화가 진행된다. 이 연구에서 20대는 김치 섭취에 따른 영향이 작으나 노인층의 평균 이상 김치 섭취군에서는 유리라디칼 생성이 억제되고 이에 대항하는 항산화계 물질은 증가 또는 향상되는 결과를 보였다. 그러므로 산화에 의한 조직의 손상이 상대적으로 억제되어 결국 김치 섭취는 인체의 노화를 억제할 것으로 추정할 수 있다. 물론 이 결과는 지극히 초보적이고 기초수준에 지나지 않으며 관련 연구가 광범위하게 이루어지고 있다.

김치의 항동맥경화성 및 혈전용해성

지금은 동맥경화가 두려운 시대

오늘날 많은 현대인들이 동맥경화 관련 질환으로 고생하고 있다. 특히 성인들의 생명을 위협하는 협심증, 심근경색, 뇌경색 등은 동맥경화증이 생겨서 일어나는 질병들이다. 또한 동맥경화가 진행되면서 혈압이 상승되는 동맥경화성 고혈압도 주목해야 할 질병이다.

동맥경화란 동맥 혈관의 안쪽 벽에 콜레스테롤이나 중성지방질이 침착하여 혈관이 좁아지고, 혈관이 탄력을 잃어 굳어지는 현상을 말한다. 물론 다른 여러 가지 요인들에 의해서 직접 또는 간접으로 이러한 경화 현상이 일어나기도 한다. 그 결과 혈액의 흐름과 운반이 원활하지 못하게 되어 때로는 큰 어려움을 겪기도 한다. 동맥경화의 시작은 10대에서부터 시작하여 40대가 되면서 서서히 나타난다고 알려지고 있다.

동맥경화증을 초래하는 간접적인 원인은 유전성, 고혈압, 비만, 당뇨, 스트레스, 운동 부족, 흡연 등이다. 이들은 동맥경화를 일으키는 간접적인 위험인자들이지만 더 중요하고 위험한 것은 직접인자들이다. 이제 직접적인 원인을 알아보자. 육식 · 고지방질 음식 · 인스턴트 식품 위주의 부적절한 식습관 등은 혈액 중에 콜레스테롤이나 중성지방질을 과도하게 증가시키면서, 결국 고콜레스테롤 혈증, 혈전, 혈액 중의 저밀도 지방 단백질(low density lipoprotein) 산화 등의 바람직하지 않은 현상들을 일어나게 한다. 결과적으로 이러한 현상들이 동맥경화 발병의 직접적인 인자라고 할 수 있을 것이다.

여기서 직접적인 원인에 대해서 조금 더 자세히 살펴보자.

고콜레스테롤 혈증이 직접 원인이다. 체내 콜레스테롤은 주로 저밀도 지방 단백질-콜레스테롤 복합물 형태가 되어 혈관 내부로 유입된다. 그리고 혈액 중의 콜레스테롤 농도가 높아지면 동맥벽 세포에 과잉 축적되게 된다. 축적된 콜레스테롤이 적절하게 제거되지 않으면 죽상동맥경화증으로 진행되어 동맥경화의 직접적인 원인이 된다.

또한 혈액 중의 저밀도 지방 단백질 산화 현상도 직접 원인이 된다. 이는 혈관 내벽에 존재하는 지방질이 먼저 산화되면서 일어난다. 과산화물과 알데하이드와 라디칼들이 혈액의 저밀도 지방 단백질을 공격하여 구성단백질을 산화시켜 산화형을 만든다. 그리고 산화된 것은 동맥 혈관 내에서 콜레스테롤 등과 만나 거품세포(foam cell)를 형성하여 동맥경화를 일으킨다. 따라서 이를 예방하기 위해서는 산화형의 생성을 억제하는 항산화 물질이나 관련 효소를 필요로 한다.

혈전도 문제가 된다. 혈전은 그 자체만으로도 두려운 일이다. 하지만 이로 인한 동맥경화증의 발병은 더욱 두렵다. 원래 혈전은 손상된 혈관 주변에서 혈액을 응고시켜 과다한 출혈을 방지하고 상처를 복구하기 위한 생체 내 작용의 하나이다. 그러나 혈관에 비정상적으로 생성된 혈전은 동맥경화를 유발하고 그 자체로도 뇌혈전증, 심부전증 등의 원인이 된다.

동맥경화 예방을 위한 김치의 효능

혈액 중의 콜레스테롤 농도를 낮춘다

콜레스테롤은 지방질의 한 성분이므로 먼저 동물실험을 통하여 김치 섭취에 따른 광범위한 지방질 대사에 관한 연구가 선행되어야 한다. 그래서 지방질의 전반적인 대사 과정 속에서 콜레스테롤의 대사가 어떻게 진행되느냐가 중요하다고 할 수 있다. 부산대학교 김치연구소와 인제대학교 식품영양학과 공동연구팀에 의하여 수행된 이에 관련된 연구 결과가 대단히 흥미롭다. 그 내용을 한번 살펴보기로 하자.

먼저 흰쥐를 이용한 실험 결과부터 알아보자.

김치를 3%, 5%, 10% 수준으로 각각 첨가한 식이군들과 첨가하지 않은 대조군의 식이를 흰쥐에게 6주간 먹이면서 콜레스테롤을 비롯한 지방질들의 대사와 관련된 여러 가지 실험을 행하였다. 모든 김치 섭취군들에서 흰쥐들의 간 지방질 농도가 섭취하지 않은 대조군 흰쥐들의 것보다 낮았다. 그리고 김치 섭취군들에서 동맥경화 위험인자인 저밀도 지방 단백질의 중성지방질과 콜레스테롤의 농도를 낮추는 효과가 있었다. 반면에 김치 섭취군에서 동맥경화에 이롭다고 하는 고밀도 지방 단백질-콜레스테롤은 증가하였다.

한편 분변(糞便)으로의 지방질 배설능 역시 김치 섭취 흰쥐들에서 증가하였다. 이는 김치 섭취에 의하여 콜레스테롤을 포함한 지방질이 체내에 흡수되지 않고 변으로 배설되는 양이 높다는 것이다. 그리고 콜레스테롤 생합성 조절 효소(HMG-CoA reductase)의 활성을 낮추어서 콜레스테롤 생합성을 저하시킴으로써 혈중 콜레스테롤의 농도를 떨어뜨렸다

다음은 토끼를 이용한 실험이다. 콜레스테롤(1%)과 배추(8%) 첨가군, 콜레스테롤(1%)과 고춧가루(1%) 첨가군, 콜레스테롤(1%)과 마늘(1%) 첨가군, 콜레스테롤(1%)만을 첨가한 대조군 등으로 나누어 토끼에게 급식하여 사육하면서 김치 재료에 대한 영향을 흰쥐 실험에서와 같이 살펴본 것이다.

재료에 대한 효과 역시 김치의 결과와 비슷하였다. 다만 배추 단독보다는 고춧가루 첨가군과 마늘 첨가군에서 더 바람직한 결과를 보였다. 이러한 효과는 배추, 마늘 등에 존재하는 특정 물질이 혈중 지질 대사를 조절하고 콜레스테롤 농도 상승을 억제하는 것으로 판단되었다. 그리고 그 물질들은 시토스테롤, 메틸시스테인 설폭사이드, 펙틴질 등이라고 알려지고 있다.

흰쥐를 이용한 실험에서나 토끼를 이용한 실험에서 모두 동맥경화를 유발하는 여러 인자를 효과적으로 억제할 수 있음이 확인된 셈이다. 동맥경화 지수와 콜레스테롤 생합성 조절 효소의 활성은 김치 첨가 수준이 높을수록 감소

하고 있다. 이 효소의 활성이 떨어지면 콜레스테롤의 생합성이 잘 되지 않기 때문에 혈중 콜레스테롤 농도를 떨어뜨릴 수 있게 된다. 이와 같이 김치를 섭취한 흰쥐들에서 혈중 지방질 농도가 먹지 않은 대조군에 비해 감소한 이유는 그 효소의 활성이 김치 섭취 흰쥐들에서 억제되었을 뿐만 아니라 분변으로 지방질 배설이 증가되었기 때문이다.

이외에도 인체를 통한 기초연구 등 여러 가지 결과가 있다. 그러나 복잡하여 그 내용을 여기서 일일이 소개하기가 어렵다. 분명한 것은 김치 및 김치 재료의 고콜레스테롤 혈증에 대한 예방 효과가 확인된 것이다.

저밀도 지방 단백질 산화 억제능이 있다

김치는 저밀도 지방 단백질의 산화를 막을 수 있는가? 이는 또 다른 관심사의 하나이다. 이의 산화로 인한 변형이 동맥경화 유발을 촉진시키기 때문이다. 결과는 김치 섭취에 의하여 이의 산화가 적극적으로 억제된다는 것이다.

콜레스테롤 식이에 김치를 첨가한 토끼 실험에서 저밀도 지방 단백질의 산화 지표를 살펴본 결과, 분명하게 산화를 억제하는 경향을 보여 주었다. 특히 고춧가루와 마늘의 첨가는 더 높은 항산화성을 보였다. 이때 동맥경화와 직접적인 관계가 있는 산화 억제 효과는 마늘이 더 높았다. 그리고 김치의 유효 성분을 용매로 추출하여 그 추출물을 16주간 먹인 토끼의 실험 결과에서도 높은 항산화 효과가 나타났다. 또한 다른 몇 가지의 연구들도 이러한 사실을 뒷받침하였다.

혈전 용해 활성이 있다

혈액의 성분이 응고되어 이미 불용성이 된 피브린을 김치 섭취에 의하여 어느 정도 녹여낼 수 있을까? 앞에서와 같은 연구팀들은 김치를 3%, 5%, 10% 수준으로 첨가한 김치군들과 김치를 첨가하지 않은 대조군으로 나누어 6주간 흰쥐에게 먹여서 실험하였다. 이 결과에 의하면 김치 3%와 5% 섭취군은 대조군에 비해 큰 차이를 보이지 않았으나 10% 섭취군은 대조군에 비해 높은 피브린 분해 활성을 보였다. 이러한 활성은 김치 섭취량이 많을수록 높은 것으로 나타났다.

또한 피브린 분해 활성은 김치 재료에도 나타나고 있다. 김치와 김치 재료를 물과 메탄올로 각각 추출하여 그 추출물로 피브린 분해 활성을 살펴본 결과, 이들은 모두 분해 활성이 있었다. 특히 메탄올 추출물의 피브린 분해 활성은 물 추출물에 비해 6배 정도 더 높았다. 그리고 재료 중에서는 고춧가루, 무, 파 등이 높은 수준을 보였다.

이와 같은 일련의 연구에 의하여 김치의 콜레스테롤 저하 작용, 저밀도 지방단백질 산화 억제 작용, 피브린 용해 활성이 확인되었다. 앞으로 이러한 김치의 항동맥경화 활성을 나타내는 여러 가지 작용 기능에 대하여 면밀하면서도 다각적으로 연구해야 할 일들이 남아 있다. 하지만 김치가 동맥경화를 예방하는 항동맥경화 식품임에는 틀림이 없다.

·4·

김치의 놀라운 건강 기능성(2): 항비만 · 항암 · 기타 기능

“대사증후군과 암은 비만과 함께 우리나라에서 그 발병률이 급격히 증가하고 있다. 도시화된 생활환경에 더하여 서구화된 식사가 원인이라고 생각하고 있다.”

– 농촌진흥청 국립농업과학원의 『한식과 건강』에서

“최근에 보고된 많은 연구 결과에 의하면 김치는 비만을 예방 치료하고 피부를 보호하며 항암과 항노화 등 각종 성인병에 놀라운 효과가 있다.”

– 최홍식의 『김치 美人』에서

김치는 비만 억제(다이어트) 기능이 있다

비만, 그리고 김치의 비만 억제 효과

비만은 여러 가지 질병의 근원으로, 수명을 단축시키는 원인이 된다는 사실은 이미 널리 알려져 있다. 특히 젊은이들에게는 비만이 자기 용모나 외형미에 열등감을 갖게 하는 요인이라는 것이 더 큰 문제이다. 그래서 비만을 3D's라고 말하고 있다. 3D's는 바로 용모손상(disfigurement), 불편(discomfort), 질병(desease)을 의미한다.

이미 많은 사람들이 비만의 원인과 예방, 치료에 대해서 어느 정도 이해하고 있을 만큼 비만은 우리와 직접 관련되는 문제이다. 여기에서 비만에 대한 여러 가지를 모두 이야기할 수는 없다. 다만 김치가 갖는 항비만 효과, 즉 비만 억제 기능에 대해 지금까지 밝혀진 것들을 중심으로 간단히 살펴보고자 한다.

10여 년 전 일본 규슈대학 건강과학센터에서 『건강과학』이라는 학술지를 통해 발표한 흥미 있는 연구 결과가 있다. 한국 여자대학생과 일본 여자 대학생의 신체 조성을 비교한 결과이다. 그 내용의 일부를 보면 한국 여자 대학생의 총 체지방 질량 및 체내 심부(深部)지방 질량이 일본 여자 대학생보다 훨씬 낮다는 것이다. 그 원인을 분석해 본 결과 한국 학생들은 김치 등을 통한 고추의 매운 성분인 캡사이신을 많이 먹기 때문이라고 하였다.

실제로 김치 섭취와 운동이 비만 여중생의 신체 조성과 혈중 지방질에 미치는 영향에 대한 부산대학교 김치연구소와 체육과학과의 공동연구 결과가 있다. 이에 의하면 운동+김치 섭취 그룹, 운동 그룹, 김치 섭취 그룹, 통제 그룹 등으로 나누어 6주 동안 계획된 메뉴에 따라 급식하고 실험하되, 실험기간 동안 김치 섭취그룹의 평균 1인 1일 김치 섭취량을 한국인의 평균 1일 섭취량보다 작은 40 g으로 하였다. 실험 결과 김치 섭취 그룹이 섭취하지 않은 그룹보다 체중, 체질량지수(BMI), 비만도, 체지방량, 체지방률, 복부지방률 등이 유의적으로 감소하는 것으로 나타났다. 특히 실험 전후 변화율에서 비만도는 운동+김치 섭취 그룹이 -5.82%, 김치 섭취 그룹이 -4.43%, 운동 그룹이 -3.16%로 나타났다. 따라서 체중과 신체 조성 등 여러 항목에서 비만에 대한 부분적인 치료가 가능하였다. 그리고 김치 섭취에 의한 체중 감량 효과(비만 억제 효과)는 운동 효과보다 더 크다는 사실을 확인하였다. 또한 김치 섭취와 운동을 병행할 때 다이어트 효과가 더 증가하였다.

이러한 결과는 동물실험에서 이미 여러 연구자들에 의해 확인되고 있다. 예를 들면 고지방질식이(high fat diet: HFD)에 고춧가루 5%를 첨가한 식이군, 고지

표 4-1 | 고지방질식이(HFD)를 섭취한 쥐의 체중에 미치는 고춧가루 및 김치 첨가의 영향

(단위 : g)

체중	정상식이	고지방질식이 (HFD)	HFD+5% 고춧가루	HFD+10% 김치
초기 체중	171.5	170.3	171.8	171.2
최종 체중	302.5	338.7	311.0	305.7

주 1) 실험쥐가 4주간 섭취한 결과이며 그 내용은 본문 참조
2) 부산대학교 김치연구소 자료에서 인용

방질식이에 김치를 10% 첨가한 식이군, 고지방질식이군 등을 4주간 쥐에 섭취시킨 연구 결과가 있다. 표 4-1과 같이 김치 첨가 식이군과 고춧가루 첨가 식이군은 고지방질식이군에 비해서 모두 낮은 체중 증가량을 보였다. 또한 고춧가루군보다도 김치군의 체중 증가량이 가장 적었다. 같은 양의 고춧가루를 섭취시켰지만 고춧가루 단독 첨가보다는 같은 양의 고춧가루가 들어 있는 김치로 섭취할 때 다이어트 효과가 더 좋다는 사실을 확인할 수 있다.

비만의 예방과 치료에 기여하는 김치의 작용

김치에는 비만을 예방하고 부분적으로 치료하는 기능이 있으며 이에 따른 기능성 성분이 있다. 특히 중요한 기능을 살펴보면 그림 4-1에서와 같이 에너지 대사 촉진 기능(그림의 K1 기능), 체지방질 분해 연소 촉진 기능(그림의 K2 기능), 열량소 섭취 제한과 배설 촉진 기능(그림의 K3 기능) 등이 있다. 이 세 가지 기능

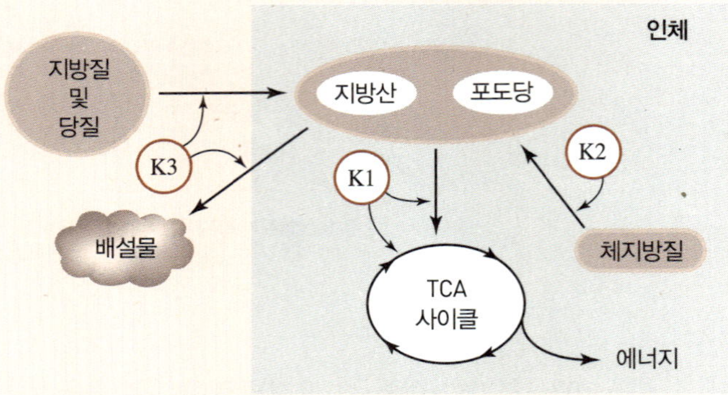

그림 4-1 | 비만의 예방과 치료에 기여하는 김치의 주요 작용

주 1) 그림에서 K1, K2 및 K3의 작용은 다음과 같으며 그 내용은 본문 참조
K1 : 에너지 대사 촉진(열량소 연소 촉진) 작용
K2 : 축적된 체지방질 분해 및 연소 촉진 작용
K3 : 열량소의 섭취 제한과 배설 촉진 작용을 나타냄.
2) 최홍식: '김치의 다이어트 효과', 『食의 科學』(일본), 제5권 (279호), 27쪽에서 부분 인용

이 열량소의 섭취를 제한하고 에너지 대사를 촉진하며, 축적된 체지방질의 분해와 연소를 촉진하는 것이다. 그리고 장내에 남아 있는 일부 에너지와 찌꺼기를 체외로 내보내며 배변을 돕게 된다.

김치에 존재하는 비타민 B군, 구연산 등의 생리활성물질은 에너지 생성 영양소(특히 지방산, 포도당 등)의 대사를 촉진시키며 그림에서 K1의 작용을 하고 있다. 결과적으로 전체 에너지 대사를 원활히 하여 인체에 활력을 부여하고 있어 열량소가 체지방질로 축적되는 것을 줄인다. 한편 김치 재료로 사용된 고

추에 함유된 캡사이신은 에너지 대사, 특히 체지방질의 분해와 연소를 촉진하는 작용이 있다. 즉 그림에서 K2 기능이다. 이러한 작용은 체지방 감소 효과가 뚜렷하여 비만을 억제할 수 있다.

다음은 그림의 K3의 기능이다. 비만을 예방하고 치료하는 적극적인 방법 중의 하나는 열량소(특히 당질과 지방질)의 섭취 제한과 섭취한 이들의 소화 흡수를 줄여 체외로 배설하는 것이다. 그러한 역할을 하고 있는 중요한 성분으로 식이섬유소가 있다. 수용성 식이섬유소의 작용은 포만감을 느끼게 하며 포도당의 흡수를 지연시키는 작용이 있다. 따라서 배가 부르며 식욕을 느끼지 않도록 하여 결국 음식(열량소)의 섭취를 적게 한다. 일부 소화 분해된 포도당의 흡수 이용도 느리게 하는 기능도 있다. 한편 불용성 식이섬유소는 인체의 소화기관에서 소화분해되지 않고 그대로 배설시킨다. 특히 불용성 식이섬유소는 배변량을 증가시키면서 장내의 노폐물 및 열량소 일부까지도 체외로 배설하도록 하여 배변 속도를 빠르게 한다. 이와 같은 수용성 및 불용성 식이섬유소의 작용이 곧 그림의 K3 기능이다. 김치에는 수용성 및 불용성 식이섬유소가 많이 함유되어 있다.

김치의 발암 억제와
항암 효능

발암과 항암

과연 암은 어떻게 해서 생기며 왜 발병하는 것일까?

비록 암에 의한 사망률이 높다고 하여도 우리는 암이 결코 불치병이라고 생각하지 않는다. 그 까닭은 조기에 발견하면 대체로 고칠 수 있는 가능성이 높기 때문이다. 그리고 예방에 유의한다면 암을 피할 수도 있다.

인체를 구성하는 정상세포와는 달리 암세포는 무한대로 성장하고 전이되며 점차 악성 종양으로 발전한다. 이어 정상적인 조직 내로 침입하여 임의로 조직을 파괴시키고 계속 다른 조직과 기관에도 번져 결국 사망에 이르게 한다.

그러므로 초기의 발암에 유의하여야 한다. 암이 발생하는 원인은 외인적 환경 요소와 내인적 요소가 있다. 외인적 환경 요소에는 특수 화학물질, 오염,

비위생식품, 방사선, 바이러스 등이 있고 내인적 요소에는 유전적 요소, 노화, 호르몬 부조화 등이 있다. 실제로 외인적 환경 요소에 의한 발암이 전체의 75~80%를 차지하고 있다.

암의 진행 단계는 일반적으로 3단계로 진행된다. 인체의 세포가 발암 물질에 노출되면 정상 세포의 유전자가 돌연변이를 일으킨다(돌연변이 단계). 비록 세포의 돌연변이가 일어났다고 해도 우리 몸 안에는 면역체 등 여러 가지 방법으로 암 발생을 저지하고 있어서 다음 단계로 진행하지 않는 경우도 많다. 그러나 일단 돌연변이 세포가 증식하면 분화하는 과정이 반복되어 암화가 진행된다(암화 촉진 단계). 다음은 악성 종양으로 진행하는 과정으로 많은 암세포가 만들어지며, 결국 조직 속으로 퍼지게 되고 이어 인체 내 다른 부위로 전이하게 된다(전이 단계).

발암은 매우 복잡한 요인들에 의하여 일어나고, 또한 원인물질이 복잡하다. 위험한 화학물질, 중금속, 농약, 과다 사용한 의약품, 불량 식품첨가물이나 식품, 방사선, 직사광선, 활성산소나 유리라디칼 등이라고 할 수 있다. 가장 중요한 요인은 발암 과정에서 세포 내의 유전자에 직접 공격을 가하여 손상을 주는 유리라디칼들이다. 활성산소 등의 유리라디칼은 지방질이 산화하는 과정이나 자외선 조사, 인체 생리적 현상에 의해서 생성된다.

식품 속에는 항(발)암 성분이 있다. 원래 식품에는 암을 일으키는 발암인자와 암을 억제하는 항암인자가 있다. 암 발생과 가장 밀접한 관계를 갖고 있는 식품 영양소는 지방질이다. 동물실험이나 역학 조사에 의하면 지방질 섭취가 많은 나라들에서 유방암, 결장암, 췌장암에 의한 사망률이 높다고 한다. 특히 산화된 지방질이 많은 식품은 발암, 노화 등의 원인이 된다. 또한 식품 속의 곰팡이 독, 검게 탄 음식, 불양 첨가물 등도 발암의 원인이 되고 있다.

그러나 식이섬유소는 암 유발 물질과 결합하여 그 물질을 불활성화시키거나 변으로 빠르게 배출시킴으로써 발암 억제 효과가 있다. 또한 항산화 비타민으로 알려진 비타민 A, 비타민 C, 비타민 E 등은 항암 작용을 하는 중요한 영양소들이다. 그리고 식품 속에 함유되어 있는 카로티노이드, 플라보노이드, 클로로필, 인돌, β-시토스테롤, 글루타싸이온, 아이소싸이오사이아네이트, 키틴과 키토산, 특수 다당류들, 그 외 여러 가지 항산화 성분들이 항돌연변이성 및 항암의 효능을 지니고 있다.

다음에서 주로 부산대학교 김치연구소에서 진행된 관련 연구 결과들을 중심으로 김치의 항돌연변이성과 항암성에 대하여 살펴보고자 한다.

김치의 항돌연변이 효능

김치 재료의 돌연변이 억제 효과

앞에서도 살펴본 바와 같이 각종 김치 재료에는 그 자체가 함유하고 있는 아스코르브산, 카로티노이드, 식이섬유소, 플라보노이드, 클로로필 등의 항산화 물질들이 함유되어 있다. 그러므로 이들에 의한 암 예방 효과가 있음이 예측되고 있다. 이러한 항산화 물질은 발암의 돌연변이 단계에서 정상세포의 유전자를 보호하는 역할을 하게 된다.

먼저 돌연변이 유발 실험계인 에임스테스트(Ames test) 등을 이용한 연구 결과들이다. 김치 재료 중 고춧가루의 용매 추출물은 아플라톡신(Aflatoxine: AF) B1의 독성에 대해 돌연변이를 억제하는 활성을 나타낸다. 고춧가루에는 항암활성과 항산화성이 있는 베타카로틴과 아스코르브산 등이 다량 함유되어 있다. 고추의 종자에서 그 효과가 가장 높고 고추껍질에는 낮은 효과를 보였다.

마늘의 메탄올 추출물은 AF B1 및 다른 돌연변이 유발물질들의 돌연변이를 억제하였다. 추출물의 첨가 농도가 증가할수록 항돌연변이 활성이 증가하는 경향이었다. 마늘의 항돌연변이 활성물질은 메틸리노레이트, 알리신 등이며, 이들이 간의 마이크로솜 효소계의 활성화에 관여하여 돌연변이원을 비독성 물질로 전환하는 데 기여한다고 추측하고 있다.

유산균의 항돌연변이 효과

이 분야에 대한 이전의 연구는 주로 요구르트 등으로부터 분리 동정된 유산균을 중심으로 이루어졌다. 유제품의 유산균에 대한 연구와 비교할 때, 김치 유산균의 항(발)암에 대해서는 아직 초보적인 단계에 있다.

몇 가지 방법으로 김치 주요 유산균 균체 시료들의 돌연변이 유발 억제 효과를 살펴본 결과, 돌연변이 독성 물질에 따라 다르나 류코노스톡 메센테로이데스(*Leudonostoc mecenteroides*) 균체가 유산균들 중에서 가장 높은 억제 효과를 나타냈다. 그리고 김치 유산균들의 항돌연변이 효과는 세포질액 획분보다는 세포벽 획분의 글리코펩타이드(glycopeptides)가 이런 활성을 나타내는 것으로 판단되었다. 따라서 김치 유산균들은 살아 있는 것이나 죽은 것이나 관계없이 모두 세포벽 성분에 항돌연변이성이 있는 것으로 추정할 수 있다.

김치의 항돌연변이 효과

현재 김치의 항돌연변이 효과에 관한 연구가 계속되고 있다. 김치 추출물의 항돌연변이 효과 역시 생체 외 수준의 실험 결과가 많으며 에임스테스트 등에 의한 연구가 주를 이루고 있다. 김치를 5℃로 발효시키면서 발효 초일, 잘 익은 적숙기(발효 3주), 과도하게 숙성한 과숙기(발효 6주)의 것을 시료로 채취하여 메탄올로 추출한 다음 이 추출물의 AF B1에 대한 항돌연변이 효과를 살펴보았다. 모든 김치에 억제 효과가 있지만 3주 발효 김치, 즉 잘 익은 김치에서 가장 큰 돌연변이 억제 효과가 있었다. 배추김치 외에도 갓김치나 우엉김치에서도 그 효과가 높았다.

또한 김치 추출물은 진핵세포를 이용한 실험에서도 항(발)암 효과가 확인되고 있다. 그리고 표준배추김치에 마늘과 고춧가루를 더 많이 사용할 때 또는 유기농 배추를 이용한 김치에서 항돌연변이성이 더 높았다. 김치의 이러한 돌연변이 억제 효능은 결과적으로 김치의 항(발)암성에 직접 영향을 주게 된다.

김치 재료 및 유산균의 항암성

김치 재료의 항암성

김치는 재료 구성이 다양하다. 앞에서 살펴본 바와 같이 항산화성이 있는 재료들은 대부분이 항암성이 있다고 볼 수 있다. 여기에서는 김치와 직접 관련되면서 최근에 연구 보고된 것, 특히 배추 · 마늘을 중심으로 간단히 살펴보고자 한다.

배추를 포함한 십자화과 식물이 방광암의 위험을 감소시킨다는 연구보고가 있다. 미국 하버드 의과대학에서 10년간 방광암에 걸린 환자 47,900여 명의 식생활환경을 조사한 결과, 배추와 브로콜리가 효과적이라고 한다. 여러 연구자들에 의하여 밝혀진 것을 보면, 배추 속의 인돌 카비놀(indol-3-carbinol)이 유방암의 증식을 억제하며, 글루코시노레이트와 아이소싸이오사이아네이트가 암 형성을 억제한다고 하였다. 그 외 배추 등의 섭취가 폐암, 위암 및 간암 발생의 위험을 감소시킨다는 연구 보고도 있다.

마늘은 인체의 대장암, 위암, 골육암 등의 성장을 억제하는 활성이 있다. 마늘의 알릴설파이드 및 알리신 등이 종양의 성장을 억제하고 헬리코박터 파이오리의 감염에 의한 위암 발생의 위험을 감소시킨다고 하였다. 또한 결장암 및 유방암 역시 마늘의 섭취가 그 위험을 줄여준다는 연구 결과가 있다.

김치 유산균의 항암성

항돌연변이성이 있는 김치 유산균은 요구르트 유산균과 같이 그 자체가 항암 활성을 나타내며, 주요 성분은 세포벽의 성분으로 추정되고 있다. 부산대학교 김치연구소에서 연구한 결과, 김치 유산균이 종양세포를 주입한 특수생쥐의 종양생성을 크게 억제하며 억제 효과는 평균 50% 내외였다. 균 중에서는 락토바실러스 카세이(*Lactobacillus casei*)가 가장 효과적인 항종양 효과(88%)를 나타냈다.

여러 연구자들의 연구 결과에 의하면, 유산균의 항종양 활성은 균종에 따라 다소 차이가 있으며, 그것이 김치에서 분리되었든지 유제품에서 분리되었든지 관계없이 그 활성은 크게 차이가 없다고 한다. 또한 항암 활성뿐만 아니라 면역계를 활성화시켜 암세포가 다른 기관에 전이되어 증식하는 것을 상당 수준 억제하는 것으로 나타나고 있다.

김치는 항암식품이다

이미 김치가 암 예방식품, 즉 돌연변이 억제식품이라는 것은 앞에서 살펴보았다. 이제 우리가 관심을 갖는 것은 김치 또는 그 성분이 암 발생 이후, 즉 다음 단계에서도 작용하여 암화(癌化)를 저지시키는 항암성 식품인가 하는 문제이다. 부산대학교 김치연구소에서 수년에 걸쳐 실시한 실험 결과를 간단히 정리하면 다음과 같다.

김치추출액 또는 김치즙은 조직 배양된 결장암 세포, 백혈병암세포, 유방암세포 등의 성장을 억제시키거나 정지시키는 효과가 있었다. 특수 쥐에서 항암성물질인 인터로이킨(interleukin-2)의 생성을 촉진시키고 항암성 자연살해(NK) 세포의 활성을 높였다. 인터로이킨은 그 자체로서도 항암성이 있을 뿐만 아니라 림프구를 자극하여 활성화된 자연살해세포의 살해 능력을 더 높였다.

또 다른 흥미 있는 결과는 인체 위암세포의 성장 및 증식에 대한 배추김치 용매 추출물의 효과에 대한 것이다. 모든 김치추출물에서 농도가 높을수록 위 암세포의 증식을 더 억제하였다. 특히 다이클로로메테인 용매 추출 획분을 처리하였을 때 93%나 억제되었다. 또한 김치추출액 또는 김칫국추출물은 쥐의 태아섬유아세포(embryo fibroblast cell)에 대한 발암물질의 독성을 완화시키고, 김치유산균의 세포벽 성분은 쥐의 백혈구 활성을 증가시켜 암세포를 더 많이 사멸시켰다.

위의 실험에 이어 부산대학교 김치연구소 연구팀은 계속해서 생체 내의 실험도 여러 차례 실시하여 김치의 항암성을 더욱 명확하게 확인하였다. 이를 다음과 같이 요약할 수 있다.

특수 생쥐(Balb/c mouse)에 종양세포(sarcoma-180 cell)를 이식하고 여기에 김치추출물을 투여하여 암화 촉진 단계에서 형성된 종양의 무게를 관찰한 결과를 보면 표 4-2와 같다. 김치추출물을 투여하지 않은 대조군이 4.32 g을 나타내는 것과 비교할 때, 추출물투여군 모두에서 종양 생성 억제 효과가 나타났다. 특히 메탄올추출 획분이 1.98 g을 나타냄으로써 가장 큰 종양 생성 억제 효과(억제율: 54.2%)를 보이고 있다.

그리고 특수 생쥐를 이용한 이 실험에서 앞의 메탄올추출물군은 대조군에 비하여 간 지방질의 과산화도 억제하며 관련 산화 효소의 활성도 억제하였다. 반면에 메탄올추출물은 항암 관련 물질의 생성과 항암 관련 효소의 활성을 증가시켰다. 한편 발암물질을 복강 주사하여 간암을 유발시킨 흰쥐에게 동결 건조한 배추김치 및 깍두기를 사료에 혼합하여 급식시킨 결과도 있다. 이 실험에서 간암의 발생 정도가 배추김치 급식 군에서는 50%, 깍두기 군에서는

표 4-2 | 종양세포(Sarcoma-180 cell)를 이식한 특수 생쥐의 종양 생성에 대한 김치추출물의 억제 효과

처리구	종양무게(g)	억제율(%)
Sarcoma-180 + 대조군	4.32 ± 1.2^{ab}	-
Sarcoma-180 + 메탄올추출물	3.40 ± 0.8^{ab}	21.3
Sarcoma-180 + 핵산추출물	3.57 ± 1.5^{ab}	17.4
Sarcoma-180 + MSF	1.98 ± 0.8^{b}	54.2
Sarcoma-180 + Juice	2.80 ± 1.3^{ab}	35.2

주 1) MSF는 메탄올 추출 획분이며 주스는 김치를 분쇄하여 얻은 즙의 상등액임.
2) 종양무게는 평균치±표준편차이며 서로 다른 알파벳으로 표시된 것들은 통계적으로 유의차가 있음($p < 0.05$).
3) 부산대학교 김치연구소 자료에서 인용

33% 간암 생성이 감소되어 이들 두 김치에서 간암 억제 효과가 뚜렷함을 확인하였다.

특히 일반 배추김치의 재료 구성을 조정하여 기능성김치를 만든 다음, 이 추출물을 생쥐에 이용한 암 전이억제 실험 결과가 있다. 이 기능성김치는 최고 49%의 높은 전이억제 효과를 보였다. 따라서 김치 재료를 적절히 조정하여 항암기능성 김치를 만들 수 있는 가능성이 보였다.

이와 같은 김치의 항돌연변이 및 항암성 연구는 김치의 건강 기능성 연구 측면에서 성과를 거두고 있으나 관련 물질이나 생체 내 항암성, 임상적인 확인과 규명이 지속적으로 진행되어야 할 것이다.

김치의
항균성 및 기타 기능성

김치 재료의 항균성

일반적으로 미생물을 사멸시키거나 증식을 억제하는 능력을 지닌 특성을 항균성이라고 한다. 미생물을 죽이지 않더라도 생리활동을 가능한 억제하고 생육을 저해하는 것도 항균성의 범위에 속한다. 항균성은 병원균, 부패미생물 등의 증식억제 또는 사멸에 크게 기여한다. 김치의 항균성은 재료 유래의 항균성과 발효 유래의 항균성으로 나누어 생각할 수 있다.

배추나 무를 비롯한 십자화과 채소류가 함유하고 있는 아이소싸이오사이안산알릴(allyl isothiocyanate)이 대표적으로 항균 작용을 하는 것으로 알려져 있다. 갓, 겨자, 고추냉이에도 이 물질이 존재하여 항균 작용을 한다. 특히 갓의 경우 이 물질이 많아서 김치에 갓을 부재료로 많이 첨가하였을 때 부패 미생물뿐만 아니라 유산균에도 항균 작용을 하게 되어, 저온에서 갓김치를 발효시켰을 때 숙성이 지연되는 경우도 있다. 갓의 에탄올 추출물은 부패미생물, 식중독 원인 세균 등 대부분의 병원균에 항균활성을 나타낸다. 그러나 유산균 및 효모에 대해서는 세균에 비하여 상대적으로 이 추출물의 항균력이 약하다.

한편 마늘의 항균 작용도 오래전부터 알려져 있다. 마늘은 여러 미생물의 생육을 억제한다. 마늘은 김치의 담금에서 전체 재료의 1% 정도로 사용하고 있지만, 이 수준 이상의 마늘을 사용하면 김치 발효에 관여하는 미생물의 생육에도 영향을 줄 수 있다. 마늘의 주된 항균 작용 물질은 알리신(allicin)이다. 이는 마늘에 들어 있던 알린이 효소 작용으로 분해되어 만들어진 것이다. 한편 부추에도 이와 유사한 물질이 있어서 항균 활성을 나타낸다.

김치 발효 유래의 항균성

이제 발효 유래의 항균성을 살펴보자. 이 특성은 주로 발효산물인 유기산, 박테리오신(bacteriocin), 유산균 자체에 의한 것이다. 김치 발효산물인 초산 · 유산 · 구연산 등의 유기산이 항균성을 갖는다. 이들은 김치 발효 과정에서 유산균의 증식과 함께 생성된 대표적인 유기산들이다.

박테리오신은 김치의 유산 발효 과정에서 생성된 것으로 천연항균제로서 주목을 끌고 있다. 최근 김치 박테리오신의 장내 세균들에 대한 길항 작용, 병원성균과 부패균의 생육 억제 작용이 계속 확인되고 있다. 김치에서 분리한 락토코쿠스 락티스 아종 락티스(*Lactococcus lactis subsp. lactis*)와 락토바실루스속이 생산하는 박테리오신(nisin 등)의 다양한 항균 활성들이 보고되고 있다.

한편 유산균 일부는 김치 발효 과정 중 증식하면서 여러 가지 생화학적인 과정에 의해 과산화수소를 생성한다. 김치에서도 생성되므로 미약하지만 항균력을 나타낸다. 생성된 과산화수소는 카탈라제 효소 등에 의해 물과 산소로 전환된다. 그러나 일부 남은 과산화수소는 산화력을 갖고 있기 때문에 항균 작용이 있지만, 김치에서는 이에 대한 상세한 연구가 이루어지지 않고 있다.

한편 인체의 장내에는 많은 세균이 존재하며 이들은 서로 공생 또는 길항 관계를 유지하면서 여러 가지 작용을 하고 있다. 김치 속의 유산균은 김치 섭취에 따라 위를 통과하여 장 내에서 생존하고 있으며 섭취량에 따라 이들 균수가 유의적으로 증가하고 이로 인해 대장균 등이 감소한다.

표 4-3은 인체 분변(똥) 속의 여러 세균들에 대한 김치 섭취의 영향을 나타낸 것이다. 김치 속의 락토바실루스속과 류코노스톡속 등의 유산균이 김치 섭취에 따라 위를 통과하여 대장 내에 살아 있음을 알 수 있다. 이들은 김치의 대표적인 유산균으로, 이 미생물은 김치를 섭취하지 않은 대조군에 비해서 김치를 섭취한 김치섭취군에서 무려 10배 이상 인체의 장내 분변 속에 존재하였다. 그리고 김치 속의 유산균이 위를 통과한 다음 대장 내에서 증식하여 유기산 생성, pH 저하, 과산화수소 생성 등의 작용을 하게 되는 것이다. 유산균의 이 작용과 함께 대장에 머물고 있는 김치(재료)의 영향으로 대장균, 유해미생물 및 병원미생물들의 성장을 억제하게 된다. 즉 김치는 다양한 형태로 정장 작용을 하고 있음을 알 수 있다.

표 4-3 | 인체 장내 분변 속의 균 총수에 대한 김치 섭취의 영향

미생물	인체 대장 내 분변 고형물 속의 균수(g당 log값)	
	대조군	김치섭취군
총 혐기성 세균	10.05	10.25
총 호기성 세균	7.80	7.69
Bacteroides	9.31	9.47
Bifidobacterium	9.28	9.50
Cl. Perfringens	3.52	3.68
E. coli	7.13	6.89
Streptococcus	7.08	7.53
Staphylococcus	2.47	2.41
Lactobacillus *	4.83	6.87
Leuconostoc *	4.62	5.78

주 1) 미생물 이름에 별 표식이 있는 것은 김치의 대표적인 유산균이며, 이 미생물은 김치를 섭취하지 않은 대조군에 비해서 김치를 섭취한 김치 섭취군에서 무려 10배 이상 장내 분변 속에 존재하고 있음.
2) Lee, K.E. 등: 『한국식품과학회지』 28권 981(1996)에서 인용

김치의 면역 활성 증진 작용

최근 면역에 대한 사람들의 관심이 크게 높아지고 있다. 특히 면역과 질병과의 관계가 폭넓게 밝혀지면서 현대인의 주요 관심사가 되고 있는 것이다. 그 중에서도 세균이나 바이러스 감염으로부터 생체를 방어하는 면역이나 알레르기나 암으로부터 생체를 방어하는 면역 등이 주목을 끌고 있다.

김치의 면역 활성에 관해서도 하나씩 밝혀지고 있다. 김치에는 여러 가지 재료와 유산균이 관여하고 있으므로 이들이 지니고 있는 면역 활성 증진 작용이 크게 기대되고 있다. 이와 관련된 몇 가지 최근의 결과를 중심으로 간단히 그

내용을 살펴보고자 한다.

김치추출물은 생체 외 및 생체 내 수준에서 탐식세포의 탐식 작용(phagocytic activity)이 증가되는 것으로 나타나고 있다. 탐식세포는 미생물이나 다른 세포를 잡아먹는 세포들이다. 이 세포들에 의해 잡아먹힌 것들은 탐식세포 내에서 소화된다.

표 4-4는 김치 용매 추출물들이 특수생쥐(Balb/c mice) 복막탐식세포(PPC)의 탐식 작용 및 탐식률에 미치는 영향을 나타낸 것이다. 메탄올추출물, 핵산추출물, 핵산으로 추출하고 남은 찌꺼기를 다시 메탄올로 추출한 추출물(MSF) 등 세 가지 용매 추출물에서 발효 기간에 따라 다르게 나타나는데, 생체 내 그리고 생체 외의 탐식 작용 및 탐식률이 모두 높은 경향을 나타내고 있다. 그리고 추출물 중에서도 발효 기간이 3주 발효 김치에서 더 높은 활성을 나타낸다.

표 4-4 | 복막탐식세포에 있어서 탐식 작용 및 탐식률에 미치는 김치 용매 추출물의 영향

김치 용매 추출물	생체 외 세포 수준(PPC)		특수 생쥐 생체 내 (PPC of Balb/c mice)	
	탐식 작용(%)	탐식률	탐식 작용(%)	탐식률
대조군	41.3	1.63	24.3	1.37
메탄올 추출물 (발효 초일)	54.7	2.21	37.3	1.61
(발효 3주)	57.3	2.43	57.0	2.15
핵산 추출물 (발효 초일)	46.2	1.83	30.8	1.71
(발효 3주)	49.2	1.89	37.2	1.79
MSF (발효 초일)	42.2	1.73	46.5	1.93
(발효 3주)	44.7	1.81	55.0	2.32

주 1) 생체 외 실험에서의 PPC는 보통 생쥐에서 취함.
2) 김치 발효는 5℃에서 행함. MSF 등 기타는 본문 참조
3) 최명원 등: 『한국식품영양과학회지』, 26권, 254쪽(1997)에서 인용

또한 김치 용매 추출물들은 인터루이킨(interleukin) 생산 및 자연살해세포(NK cell) 활성을 증진시키는 면역 증강 작용이 있다고 보고되고 있다. 인터루이킨은 항원 등의 자극에 의하여 탐식 작용이 있는 대식세포 등을 만들어 내는 단백질 성분의 인자들이다. 그리고 자연살해세포는 중요한 면역계 세포 중의 하나이다.

한편 김치 유산균 자체의 면역 활성 증강 작용도 밝혀지고 있다. 예를 들면 복수암을 유도한 쥐에게 김치유산균 균체를 분쇄하여 얻어진 액을 입으로 투여하였을 때, 면역 활성이 증진되었다. 이외에도 유산균의 면역 작용이 계속 연구 발표되고 있으며 그 일부를 5장에서 살펴볼 것이다.

결국 김치는 재료 성분에서 기인하는 성분들 또는 발효 생성물들, 유산균에 의하여 나타나는 특이한 작용으로 여러 가지 생체 내에서 면역 활성을 증진시키고 있음을 알 수 있다.

김치의 기타 건강 기능성

지금까지 살펴본 김치의 건강 기능성 외에도 변비 예방 및 정장 작용, 바이러스 감염 억제, 식욕 증진 등의 특징이 있다. 이들 김치의 건강 기능성에 대하여 다음에서 짧게 살펴보고자 한다.

변비 예방, 정장 작용 및 소화 촉진

김치는 대장의 건강 유지에 중요한 역할을 한다. 대장 내의 유해균의 생육 억제에 의한 정장 작용에 이어, 식이섬유소에 의한 변비 예방 효과가 있다. 식이섬유소는 분변량을 증가시켜 체외로 배출시키는 역할을 한다. 이에 대해서도 앞의 2장에서 살펴보았다. 또한 각종 탄수화물 분해 효소와 단백질 분해 효소가 재료에, 그리고 잘 숙성된 발효 김치에 존재하고 있어서 부분적으로 소화 작용을 돕는다.

바이러스 감염 억제

이미 잘 알려진 바 있지만 김치는 사스나 조류독감 등의 바이러스 감염에도 효과적인 예방 기능이 있다. 김치 자체와 김치 유산균이 이들 바이러스의 성장과 감염을 억제하며, 류코노스톡속의 특정 유산균이 조류독감 바이러스를 치사시킬 수 있다는 연구 결과도 발표된 바 있다.

식욕 증진

김치는 맛 · 향기 · 색깔 · 조직감이 조화를 이룬 독특한 식품이다. 특히 주재료들이 나타내는 특이하고 신선한 맛, 고추의 매운맛, 젓갈류의 감칠맛, 유산발효에 의한 발효맛과 상쾌한 느낌이 조화를 이룬 종합적인 김치 맛은 가히 매력적이다. 이 종합적인 맛이 우리의 식욕을 증진시키는 역할을 톡톡히 하고 있다. 이에 대해서는 이미 1장에서 자세히 살펴보았다.

·5·

김치 유산균의 위력, 발효와 건강 기능

"김치의 발효는 유산균이 주도하는 유산발효이며 주요 유산균(속)은 락토바실루스(*Lactobacillus*)속, 류코노스톡(*Leuconostoc*)속, 바이셀라(*Weissella*)속이다."

"김치 유산균은 정장 작용, 유해세균의 항균 작용, 비타민 B군 및 C의 생합성, 돌연변이 억제 및 항암 작용, 가바(GABA)의 생합성, 조류인플루엔자 등 바이러스 감염 예방, 그리고 기타 여러 가지 건강 기능성이 있다."

– 이 책의 5장 본문에서

김치 유산균을 알자

우리는 유산균을 흔히 요구르트와 같은 우유제품에만 있는 것으로 생각한다. 그러나 김치에도 엄청난 유산균이 들어 있다. 잘 익은 김치 1 g(건더기+국물)에는 살아 있는 유산균이 1억 마리 이상 되지만, 잘 익은 김치 국물 1 cc(약 1 g)에는 유산균이 5억 마리 내외 있다. 김치 국물에 유산균이 더 많은 셈이다. 그러고 보면 김치도 건강식품이자 장수식품인 요구르트처럼 유산균 식품이다.

유산균은 그들이 필요로 하는 에너지를 당류에 의존하여 얻으며 당을 발효하여 50% 이상의 유산을 생성하는 균들을 통틀어 일컫는 말이다. 다른 이름으로 젖산균이라고도 한다. 유산균은 그람(gram) 양성균이며 산소분압이 낮은 곳에서 잘 생육한다. 그리고 구성 성분을 합성하는 능력이 없으므로 생육에는 비타민이나 아미노산 등의 여러 가지 영양소가 꼭 필요한 미생물이다.

유산균에는 당을 발효하여 유산 등을 생성할 때 생산되는 물질에 따라 동질유산발효형(homofermentative)과 이질유산발효형(heterofermentative)이 있다. 동질유산발효형의 경우는 당으로부터 아래와 같이 유산만을 생성한다. 그러나 이질유산발효형은 유산 외에 다른 유기산이나 알코올, 이산화 탄소 등을 생산한다.

- 동질유산발효: 포도당($C_6H_{12}O_6$) → 2 유산($CH_3CHOHCOOH$)
- 이질유산발효:
  포도당($C_6H_{12}O_6$) → 유산($CH_3CHOHCOOH$) + 에탄올(C_2H_5OH) + 탄산가스(CO_2)
  포도당($C_6H_{12}O_6$) → 유산($CH_3CHOHCOOH$) + 유기산 + 기타

이들이 생산하는 유산의 광학이성체 및 기타 생성물은 균종, 배지 특성, 환경 조건에 따라 달라지며, 특히 균종에 따라 다르다. 유산균은 16개 속으로 나누어져 있으며, 김치 발효를 주도하는 유산균(속)은 락토바실루스(*Lactobacillus*)속, 류코노스톡(*Leuconostoc*)속, 바이셀라(*Weissella*)속이다. 이들 세 가지 유산균 속의 형태를 보면 그림 5-1과 같다.

대표적인 유산균인 류코노스톡속은 두 개 또는 연쇄상으로 연결되어 있으며 가장 적당한 생육 온도는 20~30℃ 범위이다. 이질유산발효형이어서 당으로부터 유산 외에 에탄올과 탄산가스를 생성하고 소금에 잘 견디는 내염성균이다. 김치에서는 발효 초기에 활발하게 증식하여 유산과 탄산가스 등을 만들어서 산도를 높이고 혐기적 조건을 만들어 다른 잡균의 생육을 억제하고 다음에 진행되는 락토바실루스속의 발효 환경을 만들어 준다. 또한 설탕과 같은 당으로부터 점질성이며 유익한 다이어트 성분인 덱스트란(dextran)을 생성하기도 한

그림 5-1 | 락토바실루스속(좌), 류코노스톡속(중), 바이셀라속(우)의 형태

주) 세계김치연구소 자료에서 인용

다. 이들 유산균은 김치 발효나 인체에 대단히 유익한 균이다.

또 다른 대표적인 김치 유산균 락토바실루스속은 길고 가는 막대 모양으로, 대부분 동질유산발효형이다. 비교적 높은 온도인 40℃에서도 생육하지만 15℃의 저온에서는 생육이 일정하지 않다. 김치 발효에서는 15~25℃ 범위의 고온에서 발효시켰을 때 중요한 역할을 한다. 발효 과정 중 유산을 많이 생성하며 신맛을 내고 지나치면 시어지는 원인이 된다.

한편 바이셀라속은 최근에 김치에서 많이 나타나는 유산균이다. 바이셀라속에는 11종이 알려져 있으며 그중 7종이 김치에서 분리 검출되고 있다. 바이셀라의 형태는 막대 또는 둥근 모양을 하고 있으며 통성이질발효균이다. 즉 유산, 초산, 에탄올, 탄산가스, 덱스트란도 생산한다.

유산균의 일생 역시 크게 유도기, 지수기, 정체기, 사멸기 등 네 시기로 나누어 생육한다. 유도기는 주변 환경에 적응하며 증식을 준비하는 시기이며, 증식기는 세포가 두 배씩 활발하게 증식하는 시기이다. 정체기는 이용해야 할 영양분도 없어지고 주변 환경도 너무 산성화되어 세포의 활동이 거의 정지되는 시기이고, 사멸기는 세포가 점차 죽어가는 시기이다. 김치의 유산균은 대체로 온도가 낮으면 수명이 길어지고 높을수록 짧아진다.

발효 과정 중에 있는 김치 속의 유산균은 거의 살아 있는 균이다. 생균수는 김치 국물로 하느냐 또는 김치 건더기 중심으로 하느냐의 차이가 있지만 앞에서 이야기한 것처럼 1 cc 혹은 1 g당 보통 김치의 경우 1억 이상이다. 이것은 김치를 일정량 분쇄해서 거즈로 짠 국물 1 cc 또는 1 g으로 표시한 것으로, 엄청나게 많은 수의 유산균이다.

또 다른 중요한 사실은 김치 유산균은 수소 이온 농도(pH)가 2~3인 강한 산성 조건인 인간의 위액에서도 2~3시간 생존할 수 있다는 것이다. 그리고 위를 통과하여 장에 머물면서 우리 몸의 건강을 위한 여러 가지 기능성을 발휘한다. 우리 건강을 위해 얼마나 다행스럽고 행복한 일인가!

김치 발효와 유산균

유산균은 김치 외에도 요구르트 · 치즈 · 유산균 음료 · 양조간장 · 포도주 · 청주 등의 발효에 널리 관여하고 있는 미생물이다. 유산균 중에서 김치의 발효 숙성에 직접 관여하는 유산균에 대하여 간단히 살펴보기로 한다.

지금까지 분리 확인된 유산균류는 몇 가지로 한정되어 있으며 발효 온도 및 발효 단계에 따라 이들의 생육 및 나타나는 빈도가 다르다. 김치 발효에 관여하는 대표적인 유산균은 발효 조건에 따라 차이가 있으나 표 5-1에서와 같이 류코노스톡 메센테로이데스, 류코노스톡 시트륨, 락토바실루스 플란타룸 등 10여 종류가 넘는다. 이들 중 김치 발효의 진행, 그리고 김치 내부의 환경조건에 따라 발효 전 기간 동안 5~6종이 주로 관여하고 있다.

표 5-1 | 대표적인 김치 유산균

- 류코노스톡 메센테로이데스(*Leuconostoc mesenteroides*)
- 류코노스톡 시트륨(*Leuconostoc citreum*)
- 류코노스톡 가시코미타튬(*Leuconostc gasicomitatum*)
- 류코노스톡 김치아이(*Leuconostoc kimchii*) *
- 류코노소톡 인하에(*Leuconostoc inhae*) *
- 락토바실루스 플란타룸(*Lactobacillus plantarum*)
- 락토바실루스 사케이 아종 사케이(*Lactobacillus sakei ssp. sakei*)
- 락토바실루스 펜토수스(*Lactobacillus pentosus*)
- 락토바실루스 브레비스(*Lactobacillus brevis*)
- 락토바실루스 김치아이(*Lactobacillus kimchii*) *
- 바이셀라 코리엔시스(*Weissella koreensis*) *
- 바이셀라 사이바리아(*W. cibaria*) = 바이셀라 김치아이(*W. kimchii*) *

주) 균종 이름 뒤에 있는 * 표시는 최근 보고된 신종 균종임.

발효 온도와 김치 유산균

김치의 담금과 발효 체계에서 유산발효와 온도에 관한 흥미 있는 연구 결과들이 많이 있다. 온도와 유산균의 생육, 그리고 김치 숙성 등은 서로 복잡하게 연관되어 있다. 대체로 온도가 높으면 상대적으로 이를 좋아하는 유산균이 증식하여 발효가 빨리 진행되고, 따라서 김치가 빠르게 숙성된다. 계속 발효가 진행되면 유기산이 과다하게 생성되기도 한다. 반대로 온도가 낮으면 특정 유산균이 먼저 증식하고 발효도 서서히 진행된다.

온도와 관련된 연구 결과들을 간단히 정리해 보자.

김치를 5℃ 및 14℃에서 각각 따로 발효시켰을 때, 김치 발효에 기여하는 주요 유산균의 수는 어떻게 변화할까? 이질유산발효균 류코노스톡속(메센테로이데스 균 등)과 동질유산발효균 락토바실루스속(플란타룸, 브레비스 등)을 한번 주목해 보자. 두 가지 온도에서 발효시킬 때 김치가 적당하게 숙성된 시기, 즉 적숙기(산도가 0.70% 내외를 나타내는 시기)는 대체로 5℃ 김치의 경우 발효 37일 째, 14℃ 김치의 경우에는 발효 10일 째쯤이다. 또한 5℃ 김치에서 류코노스톡속은 발효 초기부터 활발하게 증식하여 적숙기 쯤에서 최고 수준(1억 마리 내외)에 이르고 전체적으로 발효를 주도한다. 이를 90일까지 계속 발효시키면 서서히 유산균들이 감소한다. 그러나 이 온도에서 락토바실루스속의 생육은 거의 미미하다.

하지만 14℃ 김치의 경우 류코노스톡속은 초기에 왕성하게 증식하다가 적숙기에 이르기 전에 다시 빠르게 감소한다. 그 즈음에 락토바실루스속이 류코노스톡속을 대신하여 김치 발효를 이끌어가면서 적숙기에 이르고 유산균 수 5억 마리 내외가 된다. 계속 발효가 진행되면 김치가 시게 된다.

한편 겨울 김장김치의 온도에서 발효시킬 때 김치 유산균의 생육은 어떠할까? 김장김치는 담금 후 중온-저온에서 장시간 발효시키는 것이 일반적이다. 이러한 조건에서 만들어진 김장 김치의 맛이 더 좋은 것으로 평가되고 있다. 따라서 겨울 초입의 김장김치의 담금과 저장에서와 같이 각종 재료로 김치를 80 ℓ 독에 담근 후 온도를 18℃에서 점차적으로 4℃까지 낮추면서 48일간 발효시킨다고 생각하자. 그리고 이 발효 과정 중의 주요 미생물 군집을 동질발효유산균 · 이질발효유산균 등의 변화로 살펴보기로 한다.

발효 기간 경과에 따라 유산균 수는 1 cc당 10^7에서 10^8으로 증가하여 1억 마리 수준이 된다. 이질발효유산균의 군집은 발효 시작 2일에 상당히 많은 수준이 된다. 그리고 발효 15일경에는 최고 수준에 올랐다가 25일에 점차 그 분포가 감소한다. 그러므로 류코노스톡속이 주도하는 이질발효유산균들은 초기부터 높은 수준이 되어 발효를 이끌고 있다. 그리고 최고의 분포를 보인 것은 발효 개시 15일(김치 숙성이 시작되는 시기)이며 이때에 이질유산발효균이 최고에 달한다. 반면에 정상발효유산균 군집은 발효 진행과 함께 증가하여 잘 숙성된 시기인 48일에는 그 분포가 73%로 늘어난다. 즉 락토바실루스속이 주도하는 동질유산발효는 맛이 좋은 후기에 최고에 달한다는 의미이다.

또한 초기에 재료에 존재하였던 부패세균군집들은 발효가 진행되면서 점점 감소하다가 발효 25일이 지나면 그 분포 비율이 아주 작은 수준이 된다. 그리고 효모 군집은 처음부터 낮은 분포를 보이다가 서서히 줄어든다. 그러나 유산균 역시 과숙기에 접어들면서 정체기를 거쳐 사멸기의 과정을 밟는다.

이처럼 김치 발효 과정에서도 미생물 군집은 성장과 발달, 그리고 쇠퇴의 생육 모습을 보여 주고 있다. 발효 초기에는 여러 미생물들이 함께 하고 있으나 차츰 유산균들이 김치 발효에 주도적으로 관여한다. 그리고 다른 미생물들의 증식이 억제된다. 그러나 더 시간이 경과하게 되면 너무 숙성되어 과숙기에 이르고, 김치가 시어지면서 조직이 물러진다. 또한 다른 부패성 미생물들이 활발하게 증식하면서 유산균도 차츰 사멸되고 김치는 부패 과정을 밟게 된다.

소금 농도와 산도, 김치 유산균

김치는 하나의 채소 소금 절임식품이다. 당연히 발효 과정 중 소금과 미생물의 상관관계를 생각하지 않을 수 없다. 기본적으로 미생물은 여러 가지 생태계 환경 요소들 중에서도 소금 농도에 크게 지배를 받는다. 비교적 소금에 강한 내염성의 효모나 곰팡이류에 비하면 대부분의 세균들은 소금의 영향을 상대적으로 많이 받는다. 하지만 유산균들은 내염성이 높은 소금 편성균이 거의 대부분이다.

일반적으로 김치 발효에서 소금 농도가 높을수록 유산균의 증식이 늦어지고, 소금 농도가 낮을수록 유산균 증식이 더 왕성해진다. 따라서 소금 농도가 낮을수록 유기산 생성 속도도 빨라진다. 온도를 일정(예: 15℃)하게 고정한 후 소금 농도 2.2~5.0% 범위에서 김치 발효를 시킨다면 유산균 생육에 다소 차이가 나타나게 된다. 그러나 오늘날 김치의 소금 농도는 2.0% 내외의 수준이며, 1.8% 수준에서도 유산균의 생육은 왕성한 편이다.

김치 담금에 있어서 소금의 처리는 필수적인 요소로, 김치의 발효와 숙성에 큰 영향을 미친다. 유산균과 잡균의 생육에 직접 영향을 주기 때문이다. 김치 유산균은 김치 소금 농도 2.0% 내외의 수준에서는 성장에 지장을 받지 않지만, 이 농도는 다른 부패균 등의 생육을 억제한다. 따라서 자연 발효에 의존하는 김치의 경우, 유산균의 생육을 위해서는 1.8% 정도의 소금 농도를 유지함으로써 김치 발효와 김치의 관능적 특성을 정상적인 수준으로 유지할 수 있다.

한편 김치 발효 과정 중 산도와 수소 이온 농도(pH)는 유산균의 생육에 큰 영향을 주게 된다. 이뿐만 아니라 해당 유산균의 대사 능력이나 효소 활성에도 영향을 준다. 특히 김치의 발효 환경에서는 채소류의 완충력이 약하기 때문에 발효 과정에서 생성된 유기산에 의하여 산도가 점점 올라가고 pH는 내려간다. 이에 따라 유산균의 종류와 생육 분포, 각종 활성에 대해 단계적으로 직접 영향을 준다.

대체로 발효의 진행과 함께 유기산 생성으로 김치의 산도는 0.2%에서 지속적으로 증가하여 적숙의 0.7%를 지나 0.9%, 때로는 1.1%로 높아진다. 이에 따라 pH는 5.8 수준에서 초기에 4.3까지 내려가고 그 이후 3.8까지 서서히 내려간다. 이와 같은 산도 증가는 김치 발효의 온도와 소금 농도에 따라 달라질 것이다. 그리고 산도 증가와 수소 이온 농도의 저하는 김치 발효 체계 내의 다른 미생물에게 영향을 주고, 필연적으로 유산균 스스로도 영향을 받게 된다.

김치 발효 과정 중 산도에 따른 발효 시기별 주요 참여 유산균도 달라진다. 즉 산도 0.03~0.06% 범위의 발효 초기의 주된 관여 유산균은 류코노스톡속이다. 발효가 진행되어 산도 0.20% 또는 그 이상이 되면 류코노스톡속 외에 락토바실루스속이 추가된다. 산도 0.45% 또는 그 이상이 되면 주로 락토바실루스속 등의 세계가 된다.

이들 내용을 간단히 정리하면 발효 초기의 산도 0.03~0.20에서는 이질발효유산균인 류코노스톡속이 주역을 담당하고 있으면서 산도 0.4%까지 계속된다. 그리고 그 이후의 높은 산도 범위에서는 동질발효유산균인 락토바실루스속이 주역을 담당하면서 최대의 유산 생성에 참여하게 된다.

최근 새로운 김치 유산균이 계속 발견된다

지난 수십 년 동안 이루어진 김치 유산균에 대한 연구 결과들을 보면, 김치 발효에 관여하는 유산균은 10여 종이며 그 중에서 가장 중요한 역할을 하는 것은 류코노스톡 메센테로이데스, 락토바실루스 플란타룸, 락토바실루스 브레비스였다. 이는 대부분의 연구자들의 일치된 결과였다.

이러한 미생물 관련 결과들이 2000년도 이후 최근에 이르러 변하고 있다. 과거에 중요한 역할을 하였던 균종이 오늘날에 와서는 그 역할이 미미하다는 것이다. 그리고 그 자리에는 다른 균종이 위치하고 있다. 이에 대하여 미생물 관련 전문가들에 의한 세밀한 연구가 계속되어야 하겠지만 변화하고 있는 것은 사실이다. 물론 옛날에 있었던 유산균이 사라졌다는 것은 아닐 것이다. 그들의 위치, 즉 김치 발효에서 차지하는 역할과 분포 등의 차이가 달라졌다고 생각할 수 있다.

김치의 대표적인 유산균이 달라지고 새로운 균종이 나타나는 가장 큰 이유는 크게 두 가지로 생각해 볼 수 있다. 하나는 유산균의 동정법이 달라진 것이고 다른 하나는 급격한 환경 변화 때문이라고 할 수 있다.

김치에서 특정 세균을 분리하여 그 균종의 이름을 알아내는 일이 바로 동정법이며, 이 일은 미생물 연구에서 아주 중요한 일 중의 하나이다. 오랫동안 이용되어 왔던 동정 방법은 유산균의 여러 가지 성질을 생화학적 방법 등으로 분석하여 그 내용을 『버기 지침서(Bergey Manual)』의 해당 내용과 비교하여 종의 이름을 찾아 정한다. 소위 생화학적 분류법이라는 것이다. 이를 위해서 균체마다 수없이 많은 생화학적 실험 등을 행하여야 한다. 그럼에도 불구하고 결과가 애매하고 분명하지 않은 경우가 있어서 신빙성에 문제가 있었다.

최근에 이르러 균의 생화학적 및 생리학적 특성, 균체 형태, 지방산 조성, DNA 서열 분석, 계통발생학적 분석, DNA-RNA 정보 분석 등을 통해 종합적이고 적극적으로 김치 유산균을 분리 동정하고 있다. 또한 2003년에는 아주 정밀한 분자생물학적 분류법이 표준법으로 채택되기도 하였다. 이 방법은 생태 · 생화학적 방법에 추가하여 해당 균의 생물정보 분자인 DNA, RNA, 단백질 분석까지 다각적으로 검토하여 정하는 신빙성이 높은 방법이다. 그러므로 이런 분류 방법의 변화, 즉 기존의 분류 방법이 아닌 새로운 분류 방법의 채택으로 유산균 이름이 달라지거나 새로운 균종이 출현할 수 있을 것이다.

또 다른 원인은 김치 환경의 변화일 것이다. 우선 재료의 변화이다. 채소 육종으로 새 품종이 개발 보급되고, 생산지가 달라지고, 외국 수입이 늘어가고, 중국산 김치가 수입되는 등 재료 부문에서 대 혼란이 일어났다. 김치 미생물은 재료에서 유래한다. 따라서 주요 미생물 상황이 변화될 수 있다.

또한 최근의 환경 변화에서 빼놓을 수 없는 것은 김치의 저온 조건의 발효·저장·유통 체계이다. 김치냉장고를 비롯하여 생산에서부터 소비까지 대부분의 유통 단계가 냉장 체계로 되어 있다. 온도에 민감한 김치 유산균 및 그의 생태계는 지속적인 저온 체계에서 혼란을 맞게 되며, 이로 인하여 새 환경 적응형 균종이 나타날 수도 있다. 그러므로 김치 발효·숙성 과정이나 저장 중의 김치 대표 유산균이 달라질 수 있는 것이다.

김치 발효 중 유산균이 달라진 대표적인 사례를 보면, 류코노스톡속의 경우에 이전에는 류코노스톡 메센테로이데스 균이 많이 나타났으나 최근에는 류코노스톡 시트륨, 류코노스톡 카시코마타튬이 많이 나타난다. 또한 바이셀라속의 특정 균이 새롭게 나타났고, 락토바실루스속의 플란타룸이나 브레비스는 차츰 보이지 않고 락토바실루스 사케이 아종 사케이 등이 나타나고 있다.

최근에 와서 잘 알려진 김치 유산균의 내용을 정리하면 다음과 같다. 김치 유산균 군집(속)으로는 류코노수톡속, 락토바실루스속, 바이셀라속 3개 유산균속이다. 그리고 군집(속)의 주요 균종으로는 앞의 표 5-1 균종 중에서도 류코노스톡 시트륨, 류코노스톡 가시코미다툼, 바이셀라 사이바리아, 바이셀라 코리엔시스, 락토바실루스 사케이 아종 사케이, 락토바실루스 펜토수스 등이다. 그러나 이러한 대표 균종은 앞으로 여러 가지 요인의 변화에 따라 또 다시 달라질 수 있다. 이 분야는 미생물학자 및 관련 전문가들에 의하여 지속적으로 연구가 더 이루어져야 할 것이다.

김치 유산균의 건강 기능성

김치 유산균의 역할

김치를 담근 후 발효가 진행되면 그 속에서 아주 작은 미생물인 유산균들에 의해서 여러 가지 일들이 일어난다. 이 세계에서는 처음에 다양한 미생물이 관여하지만 결국 유산균이 발효를 지배하게 된다. 발효가 본격적으로 진행되면 유산균들에 의하여 재료나 수분에 함유되어 있던 당분은 유산 또는 초산, 구연산 등으로 전환하게 되고 이때에 탄산가스와 기타 성분들도 만들어진다. 발효가 적당하게 잘 진행된 김치는 신맛과 매운맛, 짠맛, 감칠맛 등이 어울려 오묘한 맛을 낸다. 또한 독특한 향기가 만들어지고 배추 가닥의 조직감도 아삭아삭하게 된다. 그리하여 김치의 종합적인 맛이 완성된다. 그래서 발효가 알맞게 잘 된 김치는 맛과 멋이 함께 어울려진 화려한 일품음식이 되는 것이다.

한편 발효 과정 중 비타민 B군(B1, B2, 나이아신 등)과 비타민 C가 새롭게 생합성된다. 그리고 다른 크고 작은 변화와 함께 덱스트란이라는 수용성 식이섬유소도 생성되고, 펙틴질 성분에도 변화가 일어나게 된다. 이러한 모든 변화는 대부분 유산균이 주도하여 일어나는 현상이며, 유산균의 독특한 역할에 의해 이루어진 것이다.

사람들은 유산균이 들어 있는 요구르트나 다른 발효유를 장수식품이라고 한다. 세계적인 장수촌으로 알려진 불가리아의 스몰리안 지방, 파키스탄의 훈자 지방, 코카사스나 아젤바이잔 지방의 주민들은 매일 유산균이 있는 발효유를 일정량 먹고 있다고 한다. 유산균으로 만든 발효유가 그 지방 주민들의 장수

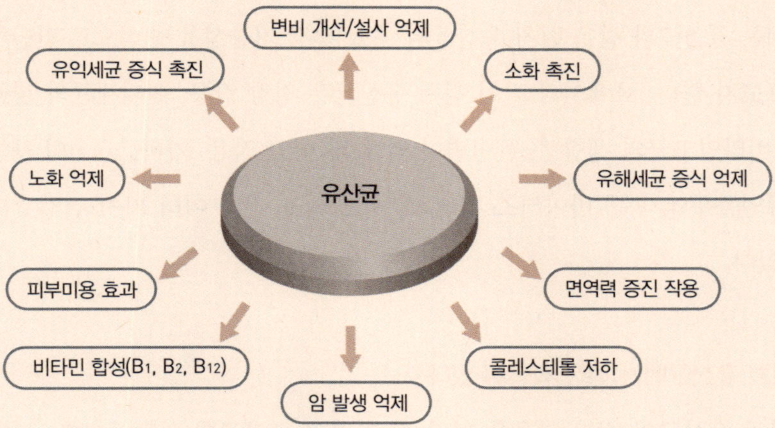

그림 5-2 | 유산균의 인체 내 역할

조용수, 차재영: 『기능성식품학』 155쪽에서 인용

식품인 것이다. 김치 역시 건강식품이자 유산균 식품이다. 이러한 유산균 식품에서 유산균의 인체 내 역할을 보면 그림 5-1에서와 같이 아주 다양하다.

김치에는 다른 어느 식품보다 유산균이 많다. 아직도 많이 밝혀지지는 않았지만 베일에 가려져 있던 김치 유산균의 놀라운 건강 기능성이 최근에 하나씩 벗겨지면서 세계의 주목을 끌고 있다. 여기서 간단하게 지금까지 알려진 주요 김치 유산균의 건강 기능성을 살펴보고자 한다.

김치 유산균의 주요 건강 기능성

이미 김치의 건강 기능성에 대하여 앞 장에서 광범위하게 다루었다. 다만 여기서는 표 5-2와 같은 김치 유산균의 주요 건강 기능성을 중심으로 간단히 살펴보고자 한다. 표에서와 같이 김치 유산균은 정장 작용, 유해세균의 항균 작용, 비타민 B군의 생합성, 돌연변이 억제 및 항암 작용, 가바(GABA)의 생합성, 조류인플루엔자 등 바이러스 감염 예방, 그리고 기타 여러 가지 건강 기능성이 있다.

김치 유산균에는 정장 작용이 있다

김치 유산균의 정장 작용은 가장 잘 알려진 유산균의 기능성이다. 원래 김치 자체도 정장 작용이 있으며, 이는 김치 속에 존재하고 있는 식이섬유소 등 여러 가지 물질들의 복합적인 효과에 의한 것이다. 그러나 김치 유산균은 김

표 5-2 | 김치 유산균의 주요 건강 기능성

1) 정장 작용
2) 유해 세균의 항균 작용
3) 비타민 B군의 생합성
4) 돌연변이 억제 및 항암 작용
5) 가바(GABA)의 생합성
6) 조류인플루엔자 등 바이러스 감염 예방
7) 기타 건강 기능성

치 발효 중에 아세틸콜린의 생합성에 관여한다고 하며, 이 성분이 유산과 함께 장내 소화 효소 분비를 촉진시키면서 미생물의 분포를 정상화시킨다고 한다. 유산균에 의해 생성된 덱스트란 역시 식이섬유소로서 장내 소화물질의 이동을 도와서 장내 청소 작용을 하게 된다.

김치 유산균에는 항균 작용이 있다

김치의 유산균은 다른 유해균들의 생육을 저해하는 특성이 있다. 발효 생성물인 유산 등의 유기산에 의해서 병원균의 생육이 억제되며 아울러 유산균이 만든 박테리오신이 항균 작용을 한다는 것이다. 니신(nisin) 등의 박테리오신은 변비 · 설사 · 암 · 고혈압 · 노화 촉진 등의 원인이 되는 부패 생산균의 생육을 억제하며 위염 · 위암의 유발균인 헬리코박터 파일로리균의 생육을 억제한다. 최근에 이에 대한 연구가 대단히 활발하여 크게 기대된다.

비타민 B군을 만들어 낸다

김치의 유산균들은 발효 과정 중에 비타민 B군을 생합성한다. 따라서 김치 발효 중 비타민 B1, B2, B12, 나이아신 등의 B그룹 영양소들이 증가한다. 이들 비타민 생합성에 대한 연구도 앞으로 기대된다. 여러 가지 대사, 특히 에너지 대사에도 관여하며 신경통, 피로회복, 정력 증강에 기여하는 이들 비타민 B 그룹의 생산은 유산균이 주는 좋은 선물이기 때문이다.

돌연변이 억제와 항암 효과가 있다

김치 유산균이 우리에게 주는 또 다른 중요한 건강 기능성은 락토바실루스속, 그리고 류코노스톡속의 일부 김치 유산균이 돌연변이 억제 작용에 이어 종양 생성 억제 작용 등을 한다는 것이다. 연구 결과에 의하면 복수암, 고형암, 대장암 등에 효과가 있음이 입증되었다. 이러한 효능은 유산균의 균체 세포벽 성분인 글리코펩타이드 외에 여러 성분들에 의한 것으로 일부 밝혀지고 있다. 또 면역세포의 수가 증가하며 활성화되고 아울러 거식세포와 자연살해세포가 활성화된다고 한다. 이 분야 역시 앞으로 지속적으로 연구되어야 하며 그 결과가 기대된다.

가바(GABA)를 생합성한다

김치 유산균은 중추신경계의 신경전달물질인 가바(GABA: gamma-amino butylic acid)를 생합성한다. 주로 락토바실루스속의 균들이 생합성한다고 보고되고 있다. 이 물질은 뇌 기능 향상, 스트레스 감소, 근육 이완, 성장 호르몬의 생성 촉진 등의 기능이 있다. 뇌 또는 인체에서 이 물질이 부족하면 불안, 흥분, 불면증이 생길 수 있다. 또한 우울증에 걸릴 수도 있어서 발작이나 우울증에 대한 의약용으로 기대되고 있다.

조류인플루엔자 바이러스 및 기타 바이러스 감염을 예방한다

김치에서 분리한 류코노스톡속의 특정 균은 조류인플루엔자 바이러스에 대한 항바이러스 활성이 있다. 인플루엔자 바이러스의 역가가 낮아지며 바이러스의 생육을 억제한다. 즉 독감 바이러스를 사멸한다는 것이다. 또 다른 특정 김치 유산균은 로타바이러스의 감염을 예방하는 기능이 있다.

기타 건강 기능성

앞에서 이야기한 여러 가지 건강 기능성 외에도 면역 증강 작용, 아토피 증세 완화, 알레르기 증상 완화 등이 있으나 여기에서는 생략하기로 한다.

이와 같이 김치 유산균은 놀라운 건강 기능성을 지니고 있다.

·6·

김치 재료의 선택과 조합, 이것은 과학이다

"프랑스와 독일이 감자와 옥수수를 갖지 못하였더라면,

이탈리아에 토마토가 없었더라면,

한국에 빨간 고추가 없었더라면

세상 사람들이 먹는 방식은 지금과는 매우 달랐을 것이다."

– 시드니 민츠 (인류학자, 미국 존스 홉킨스 대학교)

"김치는 재료 면에서 화려하다. 세계 어느 절임식품도 이처럼 대단하지는 않다. 여러 가지 재료들이 망라되고, 또 그들이 과학적으로 조합되어 있다. 특히 주재료와 양념이 조화롭고 식물성과 동물성이 공존함으로써 김치를 한 단계 더 풍요롭게 한다."

– 이 책 6장의 본문에서

다양한 재료들의 아름다운 조합

김치 담금에는 많은 재료들이 이용된다. 다른 나라의 채소 절임처럼 두어 가지 재료로 담그는 것이 아니다. 김치 종류에 따라 10~30여 가지의 재료가 이용된다. 따라서 김치는 각양각색의 재료들이 함께 어울려 만들어 낸 하나의 발효 종합식품이라고 할 수 있다.

또한 김치는 주재료에 따라 종류가 달라진다. 옛날부터 김치는 계절에 따라 얻어지는 모든 재료들을 거의 사용하여 만들었다. 집 안 텃밭이나 넓은 밭에서 거두어들인 여러 가지 채소들, 산에서의 산채들 모두가 계절에 따라 김치 재료가 되었다. 예를 들면 집 안 텃밭의 오이는 오이김치로, 밭에서 수확한 배추 · 무 · 우엉 등은 각각 배추김치 · 무김치 · 우엉김치로, 들에서 얻은 달래는 달래김치로, 산에서 채집한 더덕은 더덕김치로 이용되었다.

주재료와 담금 방법에 따라 전통적으로 먹었던 김치 종류만 해도 200여 가

지나 된다. 그리고 김치 종류마다 주재료 외에 향신료(고추 · 마늘 등), 조미료(소금 · 젓갈 · 설탕 등), 기타 부재료가 사용된다. 이처럼 김치의 종류와 속성에 따라 재료의 수가 헤아릴 수 없이 많다. 이처럼 많은 재료들을 사용 특성에 따라 크게 주재료 · 향신료 · 조미료 · 기타 부재료 등의 4개 군으로 분류할 수 있다. 그리고 각 군은 세부 내용으로 다시 나누어진다. 표 6-1은 배추김치에 사용되는 재료의 분류와 그 내용이다.

주재료는 해당 김치의 기본재료가 되는 것으로 배추김치라고 하면 배추가 주재료이다. 기본재료가 되기 때문에 중량비로 전체 재료의 70% 이상을 차지한다. 주재료로 많이 이용되는 것은 엽채류(배추 · 갓 · 부추 등)와 근채류(무 등), 과채류(오이, 풋고추 등) 등이 있으며 지역과 계절에 따라 다르다. 이는 자원을 효과적으로 활용하려는 우리 선조들이 창안해 낸 지혜의 산물이다.

향신료는 김치의 맛과 향기, 색깔에 결정적인 영향을 주는 재료들이다. 주요 향신료에는 고추 · 마늘 · 파 · 생강 · 겨자 · 양파 등이 있다. 김치 재료에 있어서, 특히 고추 · 마늘 · 파의 적절한 선택과 조합은 김치 담금에서 대단히 중요한 요소이다. 다른 나라의 절임식품에는 이들을 거의 사용하지 않고 있다. 그러므로 김치에서 이러한 향신료, 특히 고추의 사용은 다른 나라 절임식품과 다른 독특한 특성을 갖게 해준다. 더 중요한 것은 이들 향신료들 대부분이 건강 기능성을 지닌 생리활성물질이라는 것이다.

조미료는 김치의 깊은 맛을 내기 위해서 사용하는 재료이다. 김치의 맛은 매운 맛이나 감칠맛 등 여러 가지 맛이 서로 조화를 이루고 있는 복합미라고 할 수 있다. 이러한 김치 맛은 재료에서 오는 것, 발효 숙성 과정에서 생성되는 것

표 6-1 | 배추김치에 사용되는 각종 재료들(예)

분류(종류)	관련 재료
주재료	배추
향신료	고추, 파, 마늘, 생강, 겨자, 후추 등
조미료	
소금	소금 또는 소금물
젓갈류	멸치젓(또는 새우젓이나 다른 젓갈 또는 각종 액젓)
일반조미료	참깨, 간장, 된장, 식초, 설탕 등
기타 부재료	
채소류	무, 당근, 미나리, 갓 등
과실류	배(또는 사과), 은행, 잣, 대추 등
곡물류	쌀, 찹쌀, 보리, 밀, 전분 등의 가루로 만든 풀
어육류	새우, 명태(또는 오징어, 굴, 쇠고기 등)
기 타	양송이 등

주) 최홍식: 『김치 발효와 식품과학』(2014)에서 일부 수정하여 인용

이 있으며, 재료에서는 주재료 외에 향신료와 조미료에 크게 의존된다. 김치에 사용되는 조미료들은 표 6-1에서와 같이 세 가지로 나눌 수 있다. 즉 소금(또는 소금물), 일반조미료(설탕 · 간장 · 식초 · 참기름 · 엿 · 깨 등), 각종 젓갈류(새우젓 · 멸치젓 · 갈치젓 · 조개젓 · 조기젓 등)와 액젓들이다.

한편 기타 부재료는 김치의 맛과 영양, 질감과 양감을 부여하고 발효를 도와주며, 김치의 내용을 한 단계 더 풍요롭게 한다. 여기에는 채소류(무 · 미나리 · 당근 · 갓 등), 과실류(배 · 밤 · 은행 · 잣 등), 곡류(찹쌀 · 밀가루 · 엿기름 · 전분 등), 어육류(동태 · 굴 · 오징어 · 조기 · 소고기 · 돼지고기)들이 있다. 곡류로 만든 풀은 재료나 김치에 들어 있는 아밀라아제 등의 효소에 의해 가수 분해되어 유산균 발효의 당질 영양원으로 제공된다. 동물성 재료는 맛을 내거나 단백질원이 된다.

일반적으로 식품 재료를 학술적으로 분류할 때에는 향신료와 조미료를 구별하고 있다. 하지만 우리 전통 사회에서는 이 두 가지를 합해서 넓은 의미로 조미료라고 불러왔다. 옛날 우리 어머니들에게는 이 조미료가 바로 양념이었다. 그런 까닭으로 주재료 못지않게 양념의 적절한 선택과 조합을 소중하게 생각하였다. 윤서석의 저서 『한국음식』(1993년)에는 다음과 같은 내용이 있다.

> "우리말로 조미료를 양념[藥念]이라 한다. …… 이들의 분량을 가늠할 때에는 약을 다루듯이 부족하지 않도록, 지나치지 않도록 유의하였다. ……"

전통사회의 어머니들은 김치를 담글 때 양념 재료를 선택하고 분량을 가늠할 때에 이를 마치 약을 다루듯이 부족하지도 과하지도 않도록 정성을 쏟았다. 이와 같이 김치가 지닌 독특한 특성은 양념에 많이 의존하며, 이 때문에 다른 나라 사람들은 이러한 우리 김치를 양념김치(양념채소 절임)라고 부른다. 김치 재료 면에서 주재료와 양념의 조화가 돋보이는 것도 이 때문이다,

한편 김치 담금에는 식물성 재료뿐만 아니라 여러 가지 동물성 재료들도 많이 사용되고 있다. 기타 재료 중의 어류 · 패류 · 육류와 조미료 중의 젓갈류들이 여기에 속한다. 조금 귀한 것이지만 동물성의 생선을 주재료로 하여 담그는 해물김치 · 굴깍두기 · 대구김치 · 전복김치 · 가자미식혜 등도 있다. 옛날에는 육류를 이용한 것도 있었으며 꿩김치 · 닭김치 · 제육김치들이 바로 그것이다.

그러나 동물성 재료의 대표적인 것은 아무래도 젓갈이다. 젓갈은 김치 맛내기를 위한 필수품이다. 많이 사용되는 젓갈에는 멸치젓 · 새우젓 · 굴젓 · 조개젓 · 명란젓 · 오징어젓 등이 있다. 젓갈은 각종 어패류에서 나오는 살이나 내장, 알들을 소금에 절이되, 자체의 효소나 미생물 효소들에 의하여 단백질이나 기타 성분들을 분해하거나 숙성시킨 것이다. 결과적으로 아미노산이나 핵산물질 등의 맛 성분들이 풍성하게 만들어진다. 김치용으로 많이 사용되는 것은 멸치젓과 새우젓이며, 젓갈 그대로 또는 액젓을 양념 버무릴 때 다른 재료들과 함께 혼합한다.

이처럼 김치는 재료 면에서 화려하다. 세계 어느 절임식품도 이처럼 대단하지는 않다. 여러 가지 재료들이 망라되고, 또 그들이 과학적으로 조합되어 있다. 특히 주재료와 양념이 조화롭고 식물성과 동물성이 공존함으로써 김치를 한 단계 더 풍요롭게 한다.

주재료는 역시 배추와 무이다

배추

주재료로 가장 많이 사용되는 배추는 13세기경 고려 시대의 『향약구급방』에 배추의 옛 이름인 '숭(菘)'이란 이름으로 처음 등장하였다. 그러나 그 당시의 숭은 하나의 약초로 기록되어 있다. 숭채(菘菜)라는 이름으로 먹기 시작한 것은 훨씬 뒤의 일이다. 허균의 『한정록』(1610년경) '치농편(治農扁)'에 비로소 숭채와 함께 처음으로 배추가 기록되어 있다. 그러므로 이 시기 이전에 배추가 재배되어 숭채로 이용하였음을 짐작할 수 있다. 정학유(1787~1856년)의 『농가월령가』 10월령에 "무우 배추 캐여 들여 김장을 하오리다"라고 하여 본격적으로 정학유가 살았던 18세기에 이미 김장에 배추를 이용하였음을 알 수 있다.

배추는 국거리 또는 여러 가지 조리용으로 다양하게 사용되고 있지만 김치

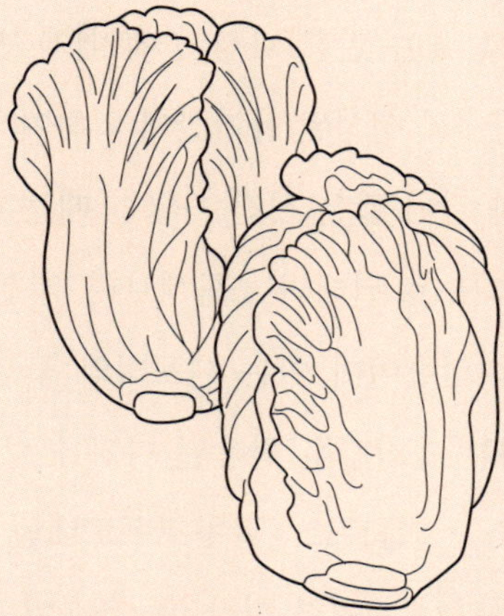

그림 6-1 | 김장용 가을배추

재료로 가장 많이 쓰인다. 오늘날에는 배추의 연중 생산 체계가 확립되어 계절에 관계없이 시장에 공급되고 있다. 이에 따라 품종도 다양하고, 품종마다 품질에도 차이가 있다. 배추는 잎들이 공 모양으로 결구(結球)되는 모양에 따라 결구형과 비결구형이 있으며, 김치용은 거의 결구형(그림 6-1 참조)이다.

배추의 가장 중요한 성분은 수분 · 환원당 · 비타민 C이다. 수분은 93~95% 범위이며, 김치 발효에 직접 관련이 있는 환원당은 평균 15~17(mg/g), 총 비타민 C는 16(mg%) 내외이다. 특히 환원당은 김장철에 수확하는 가을배추에서 높고 고랭지배추에서 낮다. 대체로 초록색의 잎 부분에서 그 함량이 높고 흰색의 중륵(中肋) 부분이 상대적으로 낮다.

배추는 미미하지만 독특한 매운 향미가 있다. 이는 주로 아이소싸이오사이아네이트에 의한 것으로 알려져 있으며, 무나 겨자보다는 약한 편이다. 초록 색깔은 클로로필이며 건조 또는 발효 과정 중에 쉽게 변한다. 특히 클로로필은 김치의 발효 숙성 과정에서 생성된 유기산에 의하여 퇴색되거나 갈색이 된다. 그러나 데치기 경우와 같이 짧은 시간 가열할 때는 배추 표면의 단백질이 변성되어 투명한 상태가 되므로 원래의 초록색보다 더 선명해진다.

배추의 식이섬유소는 다당류이며 이는 세포벽의 구성 성분으로 존재한다. 배추의 씹는 맛에 관여하는 조직감은 함유된 다당류 성분과 관계가 깊다. 특히 펙틴질 · 헤미셀룰로스 · 셀룰로스 · 글루코프로테인 등이 중요하다. 펙틴질은 김치 발효 후기에 나타나는 연화 현상, 즉 조직이 물러지는 작용과 관련이 있다.

김치의 품질은 역시 배추 특성과 깊은 관계가 있다. 배추는 김치 재료 중에서 구성 비율이 가장 높을 뿐만 아니라, 김치 발효의 기본 기질이 되고 맛과 조직감을 부여해 주기 때문이다. 배추는 가을배추, 겨울(월동)배추, 봄배추, 여름배추에 따라 품질이 다르겠지만 같은 가을배추라고 해도 배추 품종에 따라 성분, 맛, 조직감 등에서 차이가 있다.

김장용 가을배추는 어떤 것이 좋을까? 보통 중간 정도 크기(2~3 kg)로 잎들이 얇고 잎 수가 많으며 결구가 되어 있는 것을 택한다. 전문가들은 포기의 위쪽이 부분적으로 펼쳐져 있고 싱싱한 푸른 잎이 붙어 있으면서도 속이 노란 것이 좋다고 말한다. 또한 잎의 흰 줄기 부분인 중륵이 두꺼운 것보다는 얇은 것을 또 좁은 것보다는 넓은 것을 택한다. 배추의 맛은 고소하면서 약간 단맛을 느끼는 정도, 그리고 조직감은 중간 수준의 경도가 좋다고 평가하고 있다.

배추 품질의 가장 중요한 요소는 조직감, 색깔, 당의 함량이다.

무

우리나라에 무가 도입된 것은 명확하지 않다. 다만 중국이 약 2400여 년 전, 일본이 약 1250년으로 보고 있기 때문에 지정학적으로 그 중간의 어느 시기일 것으로 보고 있다. 무의 경우도 앞에서 언급한 『한정록』에 기록되어 있고 『농가월령가』에도 나온다.

무는 음식조리용으로 다양하게 이용되지만 김치 재료로 가장 많이 이용된다. 깍두기나 총각김치, 동치미에서는 주재료로 사용되며, 배추김치 등에서는 기타 재료로서 김치의 질감과 양감을 더해 주고 있다. 오늘날 우리나라에서 많이 재배되는 품종은 북중국 무 계통('서울무' 등), 북중국 작은 무 계통('알타리무' 등), 남중국 계통('궁중무' 등)으로 분류되지만 새롭게 육종된 신품종이 계속 등장하고 있다(그림 6-2 참조). 한편 무의 생태적 특성에 따라 가을무형, 봄무형, 여름무형 등으로 분류하며 이들은 다시 여러 가지 품종 군으로 나누어진다.

가을무는 연하면서도 아삭아삭 씹히는 육질을 갖고 있다. 보통 8, 9월경에 파종하여 11월경에 수확한다. '알타리무'는 섬유질이 많아서 질기고 단단하다. 아삭아삭한 조직감이 있어서 총각김치 담금에 이용되며 겨울을 제외하고 계절에 관계없이 재배된다.

무는 90~94%의 수분을 함유하고 있으며 당질은 3~7%, 단백질은 1~2%,

그림 6-2 | 김치용 서울무와 알타리무

회분은 0.6% 범위이다. 깍두기 또는 총각김치용의 무들은 당의 함량이 대단히 중요하다, 발효성 당 함량이 과도하게 많은 경우 적정하게 발효된 이후에도 계속 발효가 진행되어 과도한 신맛의 원인이 된다. 따라서 적정 당분이 함유된 무의 선택이 중요하다. 봄무보다 가을무가 당 함량이 더 많다.

무에는 독특한 매운 맛이 있으며 배추보다 훨씬 더 강하다. 보통 이 맛은 무를 썰거나 먹을 때 조직이 손상된 부분에서 순간적으로 나타난다. 이는 그림 6-3에서와 같이 무 속에 함유된 글루코시놀레이트(glucosinolate 또는 thioglucoside)라는 물질이 무 속에 들어 있는 자가 효소 싸이오글루코시다아제(thioglucosidase)의 작용으로 생성된 아이소싸이오사이아네이트 성분에 의한 것이다. 이 반응은

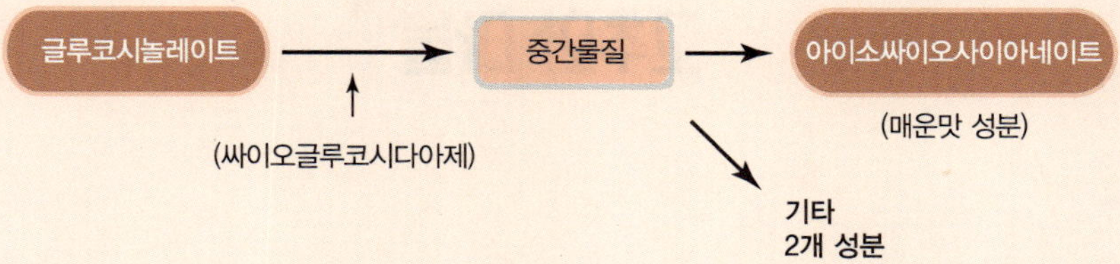

그림 6-3 | 무의 조직이 손상될 때 매운맛 성분의 생성 과정

효소의 작용으로 빠르게 일어난다. 무의 매운 맛은 큰 것보다 작은 무 계통이 더 강하고 무 윗부분보다 아랫부분이 더 강하다. 무는 역시 매운맛이 조금 있어야 진정한 무라고 할 수 있을 것이다.

깍두기 담금에 쓰이는 무는 일정 수준의 당 함량, 관능적인 조직감이 대단히 중요하다. 일반적으로 깍두기 무 또는 동치미 무는 물이 많고 조직이 단단한 것이 좋다. 그리고 무 윗부분에는 파란색보다 흰색이 많은 것을 택한다. 또한 위아래의 둘레 크기가 비슷한 것이 좋다고 말한다. 배추김치의 양념 속(기타 재료로 이용)으로 쓰이는 무는 수분이 많고 단단하며 머리 부분이 푸른 것을, 그리고 총각김치용은 단단하고 둥글면서 무청이 싱싱한 알타리무를 선택한다.

가장 소중한 향신료,
고추와 마늘

고추

우리나라에 고추가 도입된 역사에는 여러 가지 설이 있다. 대체로 임진왜란 전후 시기일 것으로 보고 있다. 그 시기에 고추가 우리나라에 들어왔다면, 전래된 후 바로 우리 음식 조리에 사용되었을까?

1600년도 전후에 발간된 『지봉유설』, 『도문대작』 등의 책에서 고추를 음식의 재료로 사용하였다는 기록이 비로소 나타나고 있다. 『증보산림경제』(1760년)에는 고추 재배가 일반화되어 이를 김치에 사용하였다는 획기적인 사실이 기록되어 있다. 물론 책에 기록된 것보다 실제로 사용한 시기는 훨씬 이전일 수도 있다.

고추를 김치와 고추장에 사용한 것은 선조 어머니들의 위대한 발명이라고 할 수 있다. 고추는 동북아시아의 한국 · 일본 · 중국 세 나라로 거의 같은 시기에 각각 전래되었다. 그럼에도 불구하고, 우리나라만 고추를 적극적으로 음식에 사용하였다는 것이다.

우리는 김치는 물론, 다른 음식에도 고춧가루를 양념재료로 많이 사용하였다. 독특한 맛과 색깔을 지닌 고추를 사용함으로써 김치 등 모든 음식의 매운맛과 빨간색을 부여하고 음식의 내외적 품격을 한 단계 격상시켰던 것이다. 그러나 일본과 중국은 이와 같은 시도를 하지 않았으며, 몇 백 년 오랜 세월이 지난 후 오늘날에 와서도 조미료 형태로 적은 양을 사용하고 있다.

우리나라에서만 고추를 사용하여 우리 음식문화를 더욱 빛나게 한 그 주인공은 바로 우리 조상의 어머니들이었다. 그것은 어머니들이 발휘한 지혜의 소산이었다. 고추의 붉은색이 귀신을 쫓는다는 주술적 효과도 생각하였고, 양념으로서의 독특한 매운 맛도 중요하게 여겼을 것이다. 그것 못지않게 붉은색에 대한 옛날 어머니들의 미의식도 크게 작용한 것이 아닐까!

고추를 사용한 후 우리 음식 조리에 대변혁이 일어났다. 김치와 고추장 외에도 모든 음식에 고춧가루가 사용되었다. 갑자기 음식이 붉어지고 매운 맛으로 변하였다. 특히 김치의 외관과 맛이 비로소 오늘날과 같은 특성을 갖추게 되었다.

세계적인 인류학자이자 미국의 존스 홉킨스 대학교의 교수인 시드니 민츠 교수의 이야기가 우리에겐 대단히 흥미롭다. 그가 서울에 와서 '음식의 인류학'에 대해 강연할 때 그를 취재하여 게재한 조선일보 기사(2010년 10월 18일자)를 보면 다음과 같은 놀라운 내용이 있다.

"프랑스와 독일이 감자와 옥수수를 갖지 못하였더라면,
이탈리아에 토마토가 없었더라면,
한국에 빨간 고추가 없었더라면
세상 사람들이 먹는 방식은 지금과는 매우 달랐을 것이다."

민츠 교수는 한국에 빨간 고추가 없었다면 세상 사람들의 먹는 방식이 달라졌을 것이고, 그만큼 우리 한국인에게는 빨간 고추가 '불의 발견' 못지않은 획기적이며 혁명적인 일이라고 말한 것이다. 한국인에게 고추는 이처럼 음식문화사적으로 대단한 존재이다.

그림 6-4 | 고추의 줄기 · 잎 · 과실의 모습

고추는 가지과에 속하는 1년생 초본이다. 그림 6-4에서와 같이 잎은 약간 긴 계란형이고 과실 고추는 긴 타원형이다. 과실은 처음에는 초록색이지만 성숙하면 빨갛게 되고 껍질과 씨앗 등에서 아주 매운 맛이 나게 된다.

원래 고추의 품종은 신미종 · 감미종 · 가공용종 · 관상용종 등이 있다. 그러나 우리나라에서의 식용 형태는 성숙하지 않은 것을 이용하는 풋고추용, 성숙한 것을 말린 후에 이용하는 건과용으로 크게 나눈다. 김치에 사용되는 고추는 주로 말린 것, 즉 건과이다. 붉은색의 건과용 고추는 매운 신미종이며, 성숙된 후에 수확하여 잘 건조시킨 다음 분쇄하여 향신료 등으로 이용한다.

건고추의 영양소 함량은 당질 · 단백질 · 지방질 · 섬유질이 모두 13~33% 범위의 수준으로 고르게 많은 편이다. 표 6-2는 고추의 일반 성분 함량을 정리하여 나타낸 것이다. 단백질 및 지방질 함량은 빨간 고추의 경우 11~14% 수준이나 당질은 23%, 섬유질은 32% 내외이다.

건고추에는 비타민 A(7300 IU 내외), 비타민 C(220 mg% 내외)의 함량이 높다. 고추의 가장 특별한 성질은 붉은 색깔과 매운 맛이다. 붉은 색소는 주로 캡산틴이고 다른 카로티노이드 성분도 있다. 우리나라 재래종의 캡산틴 함량은 10~18 mg% 범위이다. 매운 맛은 알카로이드의 일종인 캡사이시노이드(capsaicin과 dihydrocapsaicin 등의 혼합물)이며, 특히 캡사이신 성분이다. 건고추의 경우 과피에 함유된 양은 0.2~0.3% 수준이다. 고추 종자에는 그 함량이 미미하지만 과실의 태좌와 격벽에는 과피의 6~8배 많은 양이 함유되어 있다.

김치 재료로 사용되는 고춧가루는 매운맛과 붉은색이 매우 중요하지만 단맛 역시 중요하다. 매운맛과 단맛이 조화를 이루고 있어야 한다. 색깔은 선명하

표 6-2 | 고추의 주요 성분 함량

(단위 : %)

성분	풋고추(성숙)	빨간 고추(성숙, 건조)
수분	91.0 내외	13.0 내외
단백질	1.4	14.0
지방질	1.2	11.4
당질	2.3	23.1
섬유질	3.3	32.6
회분	0.6	5.6

면서도 밝은 붉은색이 좋다. 이러한 맛과 색깔은 관련 성분들의 함량(비)에 의해 결정된다. 대체로 해외에서 도입되는 품종보다 우리나라에서 육종하여 재배된 고추들이 더 좋다고 알려져 있다.

고추는 옛날부터 감염성 질환의 예방과 치료, 감기 치료에 효능이 있다고 전해지고 있다. 최근에 발표한 연구결과를 보면, 고추가 지니고 있는 몇 가지 건강 기능성은 가히 놀라울 정도이다. 특히 에너지 대사 증진, 체중 감량 작용, 항산화 · 항암 · 항노화 작용, 혈중 지방질 개선 작용 등의 네 가지 중요한 기능성이 있다는 것이다.

이와 같은 건강 기능성을 나타내는 성분에는 여러 가지가 알려져 있다. 빨간색 성분인 카로티노이드 계열의 캡산틴이나 카로틴, 매운 성분인 캡사이노시드 계열의 캡사이신, 비타민 C 성분인 아스코르브산, 식이섬유소 등의 물질들이다. 이들은 다른 어느 채소나 과실보다 고추에 더 많이 함유되어 있으며, 특히 캡사이신은 고추에 많이 들어 있는 특수한 성분이다.

마늘

한반도에서 마늘이 재배된 것은 아주 오래전의 일이다. 우리나라에서 마늘에 대한 이야기가 처음 나온 것은 『삼국유사』의 '단군신화'에서이다. 여기에서의 '산(蒜)'은 마늘에 해당하며 지금의 달래나 산마늘과 유사한 야생종일 것으로 추정하고 있다. 그 후 『삼국사기』에도 마늘의 기록이 있으며 최세진(崔世珍)이 편찬한 『훈몽자회(訓蒙字會)』(1527년)에도 마늘에 대한 설명이 있다. 그러나 마늘이 우리나라에 도입된 시기와 재배 시기는 명확하지 않다. 다만 도입 시기는 대체로 기원전 어느 시기일 것으로 추정하고 있다.

우리나라에서 재배되고 있는 마늘은 생태적으로 난지형과 한지형으로 분류하고 있다. 난지형은 남해안 및 제주도 등의 남쪽 지역, 한지형은 중북부 내륙지방 등에서 넓게 재배되고 있다. 난지형은 5월 상순부터, 한지형은 6월 중순부터 시장에 나온다. 난지형 마늘은 껍질 색이 백색으로 매운맛이 독특하며, 한지형 마늘은 갈색이나 자홍색으로 인기가 있다.

마늘은 다른 채소들보다는 수분 함량이 낮아 60% 내외이고 단백질과 지방질은 각각 3.0% 및 0.5% 내외의 수준이다. 상대적으로 당질이 많으며 34% 내외나 된다. 섬유질은 0.8%이며 기타 비타민과 미네랄이 함유되어 있다.

한편 마늘의 자극적인 냄새와 매운맛은 주로 알리신 성분에 의한다. 이는 원래 존재하던 알린이 조직 손상이 일어날 때 활성을 나타내는 알리나아제 작용에 의해 생성된 것이다. 알리신이 분해되어 알릴설파이드 계열의 물질이 만들어지기 때문이다. 마늘의 기타 맛 성분에는 유리당, 유리아미노산, 유기산 등

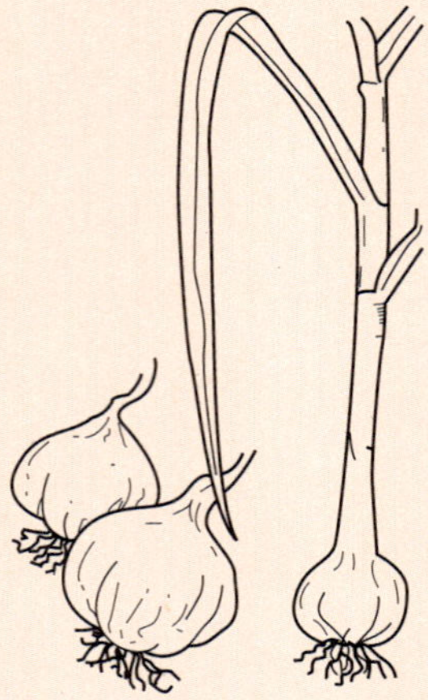

그림 6-5 | 김치에 사용되는 마늘의 모습

이 있다.

김치용 마늘은 크기와 모양이 균일하면서 외형이 둥글고 표피가 다갈색 또는 자홍색을 지닌 것을 선택한다. 또한 겉껍질과 속껍질의 부착이 강한 것이 좋다. 그리고 매운맛이 강한 마늘이 많이 이용된다(그림 6-5 참조).

마늘에도 여러 가지 건강 기능성 성분이 다양하게 함유되어 있다. 특히 알리신은 비타민 B_1인 티아민과 결합하여 알리티아민이 되어 안전하게 체내에 흡수되어 보다 강한 비타민 효능을 나타내게 한다. 또한 알리신은 강력한 항균력을 지니고 있다. 그리고 유황화합물 및 기타 물질에 의한 항산화성 등의 건강 기능성을 지니고 있다(3장 및 4장 참조).

젓갈의 맛,
그 매력

여러 가지 어패류를 소금에 절이거나 양념을 혼합하여 삭힌 것이 젓갈이다. 젓갈에는 담금 종류, 원료의 종류, 어패류 이용 부위에 따라 수없이 많은 종류가 있다. 소금이 등장한 이후 신석기 시대부터 사람들이 젓갈을 먹기 시작하였다고 추정하고 있다. 하지만 우리 문헌에 젓갈이 처음 나타난 것은 통일신라 시대 신문왕 3년(683년)경이다. 신문왕의 결혼 폐백 물목에 젓갈을 뜻하는 '해(醢)'가 포함되어 있으며, 여기서의 '해'는 젓갈을 의미한다고 믿고 있다. 젓갈이 제 모습을 갖추어 다양하게 이용된 것은 고려 시대일 것으로 추정하고 있다. 그리고 조선 시대에 이르러 비로소 젓갈의 종류와 담금 방법들이 비교적 상세히 소개되고 있다.

젓갈의 재료로 사용되는 부분은 주로 어패류의 근육 부분이며 내장 · 껍질 · 꼬리 등도 이용된다. 이들 재료들의 일반 성분을 보면 먹을 수 있는 가식 부분을 기준으로 65~85%가 수분이다. 그리고 단백질이 10~25%, 지방질이 1~17%, 회분이 1~8% 범위이다.

젓갈을 담는 방법에는 소금만으로 담는 법, 간장(또는 향신료와 함께)으로 담는 법, 소금과 향신료로 담는 법, 기타 방법들이 있다. 김치에 쓰이는 것은 일반적으로 소금만으로 담근 것이다. 소금의 작용에 의하여 어패류의 부패가 억제되면서 자체 성분들이 분해되어 맛 성분들이 생성된다. 특히 어패류에 함유된 육단백질이나 핵산 관련 물질은 자가소화효소나 미생물들의 작용에 의하여 분해되어 유리아미노산, 올리고펩타이드, 분해된 핵산 관련 물질 등의 향미 성분들이 만들어진다.

김치에 사용되는 젓갈은 멸치젓 · 새우젓 · 조개젓 · 황석어젓 등이며, 가장 많이 이용하는 젓갈은 멸치젓과 새우젓이다. 젓갈은 김치 발효와 김치 맛에 직접적인 영향을 준다. 특히 감칠맛의 부여, 효소와 미생물의 공급, 발효미생물의 영양원 제공 등의 역할을 한다. 이 가운데 가장 중요한 기능은 역시 감칠맛의 부여이다. 따라서 김치의 감칠맛을 잘 내기 위하여 좋은 젓갈을 선택하고 또 조심스럽게 관리하고 있다.

멸치젓은 김치에 가장 많이 이용되는 젓갈이다. 어획한 멸치에 소금(20~25% 수준)을 첨가하여 담그고 약 15℃를 유지하는 온도에서 2~3개월 숙성 · 발효시킨 것이다. 멸치젓에는 대체로 수분 53% 내외, 단백질 14% 내외, 지방질 11% 내외, 당질 0.4~0.76%, 회분 18~20% 범위로 함유되어 있다. 자세한 멸치젓갈의 성분 조성을 보면 표 6-3과 같다.

멸치젓의 숙성 · 발효 과정 중에 단백질이 분해되어 생긴 로이신 · 글루탐산 등 여러 가지 종류의 유리아미노산들은 주요한 맛 성분이 되고 있다. 이외에도 담금 과정 중에 생성된 올리고펩타이드 등의 질소 화합물, 이노신 모노포스페이트(inosine 5′-monophosphate) 등의 핵산 관련 물질도 맛에 크게 기여한다. 멸치젓의 감칠맛은 특히 이노신 모노포스페이트와 글루탐산에 큰 영향을 받으며 이들의 조화가 중요하다. 젓갈의 맛은 이들 맛 성분, 즉 젓갈에 함유된 엑스 성분에 지배를 받는다고 한다. 엑스 성분이란 젓갈을 뜨거운 물로 추출한 추출액을 말하는 것으로, 구성 성분들을 보면 함질소 성분과 무질소 성분들이 있고 각각의 성분에는 맛을 내는 여러 가지 다른 물질들이 있다.

한편 새우젓은 새우를 어획하여 바로 담그되, 작은 것(길이 4 cm 이하)을 많이 사용한다. 생것은 쉽게 변질되므로 어획선상에서 바로 소금처리가 많이 이루어진다. 소금의 양은 새우 원료의 30% 내외로 조절하며, 보통 13~20℃의 온도에서 4~5개월 숙성 · 발효시킨다.

표 6-3 | 멸치(젓) 및 새우(젓)의 성분 조성

재료				탄수화물		미네랄				비타민			
	수분 (%)	단백질 (%)	지방질 (%)	당질 (%)	섬유질 (%)	회분 (%)	칼슘 (mg%)	인 (mg%)	철분 (mg%)	A (RE)	B_1 (mg%)	B_2 (mg%)	Niacin (mg%)
멸치 (신선한 것)	74.8	17.7	4.1	0.2	0.0	3.2	509	421	2.9	38	0.04	0.26	8.8
멸치젓	54.4	14.1	11.2	0.6	0.0	19.7	592	348	5.5	60	0.02	0.23	6.3
새우 (신선한 것)	83.5	12.9	0.8	1.0	0.0	1.8	120	150	2.0	–	0.01	0.11	2.2
새우젓	60.7	10.4	0.9	0.7	0.0	27.3	871	229	6.2	–	0.07	0.09	1.2

주 1) 먹을 수 있는 부분만을 기준으로 산출한 것임.
2) 한국영양학회: 『한국인영양권장량』(1995년)에서 인용

새우(젓)의 성분 조성은 표 6-3과 같다. 단백질과 지방질, 칼슘의 함량이 비교적 많다. 맛 성분은 멸치젓에서와 같이 핵산 관련 물질, 글루탐산과 같은 유리아미노산, 트리메틸아민 옥사이드(trimethylamine oxide), 베테인(betaine) 등의 질소화합물들이다. 새우젓에는 감칠맛 외에 짠맛과 쓴맛도 있으나 감칠맛이 가장 중요한 요소이다.

김치에 사용되는 젓갈은 주로 새우젓 · 멸치젓 · 멸치액젓이다. 멸치젓이나 새우젓 단독으로 사용할 수도 있으나 두 가지 이상의 젓갈을 혼합한 복합젓갈을 많이 사용한다. 복합젓갈에 사용되는 젓갈은 멸치젓(또는 멸치액젓)과 새우젓이 대부분이다. 최근에는 멸치액젓, 새우액젓, 까나리액젓 등의 상품이 크게 늘어나고 있으며 김치에도 많이 사용되고 있다.

·7·

절묘한 기술, 김치의 담금 방법

"김치 담금은 절묘한 기술이며, 채소류를 건강하게 많이 먹을 수 있는 유일한 방법이다. 김치 담금 과정에서 김치의 품질에 미치는 가장 중요한 요소는 다음 세 가지이다. 하나는 주재료와 다른 재료들의 적절한 선택과 배합(비)이다. 다음은 소금의 농도와 주재료의 소금 절임이고 마지막 요소는 발효 과정(조건)이다."

– 이 책 7장의 본문에서

전통김치 담금에는 지역성과 계절성이 있었다

전통적으로 김치는 지역마다 다른 독특한 지역적 특성, 즉 지역성이 있다. 그리고 계절에 따라 산출되는 재료를 이용하여 담금하였으므로 계절성을 지녔다. 이와 같은 김치 담금의 특수성은 선조들의 지혜에 의하여 긴 세월에 걸쳐 이루어진 것이다. 이제 이들에 대해 간단히 살펴보기로 한다.

김치 담금의 지역성

한반도는 중국처럼 땅이 넓지는 않지만 지형이 독특하다. 긴 산맥이 줄을 잇고 넓은 평야와 큰 강들이 있으며 삼면이 바다이다. 따라서 동서남북의 각 지역에 따라 기후와 풍토가 서로 다르고 지역마다 산출되는 농산물이나 해산물의 종류도 다소 차이가 있다. 또 생활풍습도 조금씩 다르다.

일반적으로 한반도를 간략하게 구분하여 서울 · 경기도 · 강원도 지역을 중부 지역으로, 그보다 위의 지역을 북부 지역, 경상도 · 전라도 · 충청도 일부 지방을 모두 남부 지역으로 부르고 있다. 이러한 지역 구분에 따라 김치에 사용하는 소금의 양을 북부 지역은 싱겁게, 남부 지역은 짜게, 중부 지역은 조금 싱겁게 담는다.

소금 농도를 달리하는 것은 소금이 김치의 담금과 저장에 직접 관련이 있기 때문이다. 특히 김치의 발효와 저장은 자연환경 중에서 지리적인 특징의 하나인 기후 조건(온도)에 크게 지배를 받는다. 남부 지역은 비교적 따뜻하여 김치에 소금을 많이 넣어 그 농도를 높게 하고 짜게 김치를 담근다. 그러나 중부와 북부 지역은 소금을 조금 적게 넣어 싱겁게 또는 아주 싱겁게 김치를 담근다. 김치의 소금 농도는 지금은 조금 달라졌으나 이전에는 남부 지역이 2.5% 수준 내외, 북부 지역은 2.0% 내외의 수준이었다.

발효 숙성은 소금 농도가 높으면 서서히 진행되고 반대로 낮으면 빨리 진행된다. 하지만 온도가 높으면 상대적으로 급속하게, 온도가 낮으면 서서히 진행된다. 따라서 남부 지역은 상대적으로 기온이 높으므로 소금의 농도를 높여 장기간 저장하도록 한다. 기온이 대체로 낮은 북부 지역은 반대로 소금의 농도를 낮게 잡고 있다. 이러한 지역적 특성 또는 관습은 그 지역 선조들이 오랜 세월을 두고 얻은 체험의 결과라고 할 수 있다.

또한 한반도는 유라시아 대륙의 동쪽에 위치하면서 삼면이 바다이고 한 면만이 육지로 대륙에 접해 있다. 그러므로 해안선이 길며 남해와 동해와 서해에 연하고 있다. 따라서 각종 해양자원을 쉽게 이용할 수 있는 해안 지역이 있는 반면에, 농산물을 쉽게 얻을 수 있는 평야와 내륙 산간 지역이 있다. 이는 또 다른 김치의 지역적 특색이라고 할 수 있다. 이에 따라 생선 · 조개류 · 조류(藻類) 등의 재료를 많이 이용하는 해안 지역과 농산물을 많이 사용하는 평야와 산간 지역의 구분이 자연스럽게 나타날 수밖에 없다.

해안 지역과 그 인접 지역에서는 가까운 바다에서 생산되는 각종 어패류를 이용하여 다양한 젓갈을 담았다. 따라서 해안의 영향을 받아 사용하는 젓갈도 지역에 따라 달라진다. 젓갈은 50여 종류가 있으나 김치용은 멸치젓 · 새우젓 · 황석어젓 등이다. 지역별로 이용되는 경향을 보면 남부 지역에서는 멸치젓이, 중부 지역과 북부 지역에서는 주로 새우젓이 이용되고 있다. 이러한 경향은 해류의 특성과 어패류의 종류, 어획고에 영향을 받기 때문이며 상황에 따라 변하고 있다.

한편 해산물 외에도 주재료로 사용되는 채소류가 지역성을 나타내는 경우도 있다. 이는 그 채소가 해당 지역에서만 한정되어 생산되기 때문이다. 남쪽 제주도 지역이나 전남 지역에서 재배되는 작물이 있고 또 북쪽 지역이나 고랭지 등에서 계절에 따라 특별하게 재배되는 것들도 있다. 예를 들면 전남 지역의 토종 갓으로 담근 갓김치, 강화도의 순무김치 등이다.

이전의 우리 전통사회에서는 이러한 지역적 특성이 김치 종류와 담금에도 적잖게 영향을 주었다. 따라서 남부와 중부, 북부 지역에 따라 김치의 담금 방법과 맛에서 차이가 있었다. 중부 지역은 서해와 동해를 접하고 있어서 해산물이 풍부하며 넓은 평야가 있어 농산물도 풍부하였다. 이 지역의 김치는 짜지도 맵지도 않으며 새우젓 등 담백한 젓국을 이용해서 은근한 맛을 내는 것이 특징이다. 옛날 서울과 개성지방의 보쌈김치 등이 유명하였다.

남부 지역의 김치는 상대적으로 기후가 따뜻하며 남해안을 통한 풍부한 해산물과 각종 농산물이 풍요롭기 때문에 비교적 재료를 넉넉하게 사용하였다. 소금이나 젓갈도 많이 사용하며 다른 양념도 푸짐하게 넣었다. 젓갈 중에서는 멸치젓을 많이 이용하였다.

북부 지역 김치의 특성은 대체로 싱겁고 맵지 않다는 것이다. 평안도는 서해안에서 얻어지는 새우(젓) · 조기(젓) 등을 김치재료로 사용하였다. 김장의 경우 배추와 무를 통으로 담그고 국물을 많이 잡아 싱겁게 간을 하여 숙성시켰다. 비교적 양념을 적게 넣고 마늘 · 파 · 생강으로 특색 있는 맛을 냈다.

이처럼 우리 전통사회에 있었던 김치 담금의 지역성은 김치의 또 다른 매력의 하나였다. 따라서 이런 지역성을 문화적 차원에서 일부분 계승 발전시켜 나가는 것도 바람직한 일이다. 하지만 오늘날 디지털시대의 생활양식과 국제화에 어울리는 김치의 현대화는 어쩔 수 없이 계속되어야 할 것이다.

김치 담금의 계절성

한반도 전 지역에는 봄 · 여름 · 가을 · 겨울의 4계절이 뚜렷하게 나타난다. 봄철은 남풍이 불고 기온이 상승하지만 아직 온도가 낮고 비교적 건조한 계절이다. 따라서 농산물의 재배와 수확이 한정되며 이때는 해류의 상황에 따라 해산물도 달라진다. 여름철은 장마와 한여름이 계속된다. 장마전선은 6월 초부터 시작하여 7월에 본격적인 장마가 계속되고 호우와 홍수도 있게 된다. 7월 하순부터 하루 최고 기온이 30℃를 넘는 삼복더위도 계속된다. 여름철에는 농작물이 왕성하게 성장하며 수산물도 다양하게 산출된다. 가을철은 장마와 태풍의 피해를 입는 경우도 있으나 이동성 고기압이 지나면서 맑은 날씨가 계속된다. 농산물을 추수하는 계절이기도 하며 바다의 해산물도 그 종류가 달라진다. 겨울철은 시베리아에서 발달한 북서계절풍으로 한파가 내습하여 길고 긴 영하의 날씨가 계속되고 농사를 지을 수 없는 계절이다.

이러한 한반도의 기후환경을 고려하면 겨울 초입의 김장은 필수적으로 치러야 할 연중행사이다. 늦가을에 수확한 주재료와 미리 준비한 양념재료를 이용하여 긴 겨울을 준비하며 김치를 담게 된다. 이 계절에 산출된 각종 해산물과 미리 마련한 여러 가지 젓갈류도 함께 이용된다.

이제 계절에 따른 김치 종류에 대해 살펴보자.

표 7-1에서와 같이 계절에 따라 다양한 종류의 김치들이 등장하고 있다. 이른 봄이면 차가운 땅을 뚫고 돋아나는 풀들이 있다. 그중 몇 가지는 봄나물이

표 7-1 | 계절에 따른 담금 김치의 종류

계절	여러 가지 김치들
봄(3~5월)	돌나물김치, 햇배추김치, 파(봄)김치, 봄갓김치 등
여름(6~8월)	열무김치, 열무물김치, 부추김치, 오이소박이 등
가을(9~11월)	고들빼기김치, 총각김치, 파김치, 가을갓김치 등
겨울(12~2월)	통배추김치, 총각김치, 깍두기, 백김치, 동치미 등

되고 또 두어 가지는 소박한 절이 김치가 된다. 냉이김치나 달래김치가 봄철 김치의 대표적인 것들이다. 여름철에는 열무김치나 오이소박이, 가을철에는 고들빼기김치, 겨울철에는 배추김치 등이 계절에 따라 차례로 이어진다. 이들 가운데 겨울 김장철의 배추김치는 김치의 진면목을 그대로 엿볼 수 있는 김치 중의 김치라고 할 수 있다. 이 김치가 계절김치의 다른 어떤 것들보다도 맛이 좋고 품격이 높다는 것은 더 강조할 필요가 없다. 즉 재료의 다양성, 주재료 및 부재료 품질의 우수성, 발효 온도의 적절성 등에서 김장배추김치가 다른 어느 계절에서 담근 김치보다도 우수하다.

결과적으로 전통사회의 우리 선조들은 계절에 따라 그때 이용 가능한 재료들을 중심으로 김치를 담갔던 것이다. 하지만 김치의 묘미는 역시 겨울 초입의 김장김치에 있다. 그러나 오늘날에는 채소의 재배기술과 어패류의 양식기술이 크게 향상되어 지역과 계절에 관계없이 품질 좋은 재료들이 각 지역에 거의 연중 공급되고 있다. 그러므로 시기와 지역에 관계없이 김치를 담금할 수 있는 시대가 되었다. 재료의 지역적 특성이 뚜렷하지 않고 또 계절성 역시 서서히 사라지고 있다.

김치의
종류와 담금 절차

김치에는 어떤 종류가 있는가?

지금까지 알려진 김치 종류는 수없이 많다. 그 많은 김치무리는 주재료, 담금 방법 그리고 특성에 따라 넓은 범위의 김치무리와 좁은 범위의 김치무리로 나누어 생각할 수 있다. 넓은 범위의 김치무리는 일반김치류 · 깍두기류 · 동치미류 · 절임류 · 식해류 등 다섯 가지로 구분한다. 그리고 좁은 의미의 분류, 즉 순 김치류는 일반김치류 · 깍두기류 · 동치미류 등 세 가지로 구분한다.

순 김치류(좁은 범위의 김치류)를 담금 방법과 특성에 따라 달리 분류하면 표 7-2에서와 같이 일반김치류와 물김치류로 나눌 수 있다. 일반김치류에는 통배추김치 · 맛김치 · 깍두기 · 총각김치 · 파김치 · 오이소박이 등 많은 종류가 있으며, 물김치류에는 동치미 · 백김치 · 나박김치 · 열무물김치 등이 있다.

표 7-2 | 김치의 분류 및 주요 종류

분류	주요 종류	주요 특징
일반김치류	배추김치 보쌈김치 총각김치 깍두기 오이김치 갓김치 기타	• 주재료를 소금에 절여 양념 등 다른 부재료를 함께 넣어 버물려 발효시킨 것임. • 주재료에 따라 김치가 다양함. • 주로 김치의 건더기[고형물]를 먹게 됨.
물김치류	백김치 동치미 나박김치 열무물김치 돌나물김치 기타	• 주재료 · 향신료 기타 부재료에 소금물 및 물을 많이 넣어 국물에 잠긴 상태로 발효시킴. • 향신료나 젓갈류의 사용량을 일반김치류보다 적게 하거나 극히 제한함. • 김치의 고형물과 함께 국물을 즐겨먹고 있음.

일반김치류는 주재료(배추 등)를 소금에 절여 다른 재료들(또는 양념 등)과 함께 버물려(또는 속을 넣어) 발효시킨 것이다. 우리가 즐겨 먹는 대부분의 김치가 여기에 속한다. 한편 물김치류는 주재료 및 기타 재료를 사용하되 버물리기와 속넣기를 별도로 하지 않으며, 국물 또는 소금물 등을 다량 첨가하여 발효시킨다. 따라서 일반김치류는 주로 김치 건더기(주로 고형물) 위주로 먹는 반면에 물김치류는 고형물과 함께 김치 국물을 즐겨 먹는다.

예로부터 김치는 땅이나 산, 바다에서 산출되는 모든 채소류 등을 사용하여 담금하였으므로 그 종류가 대단히 많다. 대체로 200여 종이 있으며 그 중에 오늘날 우리들이 즐겨먹는 김치류는 몇 가지로 한정되어 있다. 김치 종류별 담금 빈도를 보면 배추김치(통배추김치 등)가 가장 높고 깍두기 · 동치미 · 총각김치

순이다. 이들이 우리 김치의 대표적인 김치이며, 가장 주요한 김치는 바로 배추김치이다.

김치 담금의 기본 절차는 무엇일까?

이제 김치 담금의 기본 절차와 방법을 구체적으로 들여다보자.

전통사회에서의 김치 담금 방법은 김치 종류, 사용 재료와 재료 구성비, 지역(또는 사회 구조), 가문과 가정에 따라 크게 달랐다. 오늘날에는 즐겨먹는 김치의 종류도 몇 가지로 한정되어 있으며 사용 재료와 그 구성비도 자주 이용하는 몇 가지로 단순해지고 있다.

일반적이면서도 기본적인 김치 담금의 원리는 다음과 같이 정리할 수 있다. 즉 적당한 크기의 주재료를 먼저 소금에 절인다. 그리고 여러 가지 향신료 등 다른 재료들을 얇게 썰거나 다지거나 가루로 만들어 배합 비율에 따라 잘 혼합한다. 이후 소금에 절인 주재료에 미리 만든 혼합물을 넣거나 함께 잘 버물린다. 이어 용기에 담아 발효 · 저장한다. 이러한 일련의 김치 담금 기술은 절묘한 기술로, 채소류를 건강하게 많이 먹을 수 있는 유일한 방법이다. 이와 같은 김치 담금 중에서 김치 품질 등에 영향을 주는 가장 중요하면서도 공통적인 과정은 표 7-3에서와 같이 1) 재료의 선택과 배합, 2) 주재료의 소금 절임 과정 및 소금 농도의 설정, 3) 발효 숙성과 저장 과정이다.

먼저 제1과정은 재료의 선택과 이들의 배합비를 선정하여 함께 혼합하는 과

표 7-3 | 김치 담금에서 세 가지 주요 과정

- 제1과정: 재료의 선택과 배합
- 제2과정: 주재료의 소금 절임 및 소금 농도의 설정
- 제3과정: 발효와 숙성, 저장

정이다. 이를 위해 어떤 재료들을 사용해야 할 것인가에 대한 충분한 검토가 필요하다. 적절한 주재료의 선택은 김치의 종류와 품질에 아주 큰 영향을 미치기 때문이다. 배추김치에는 이에 적합한 배추 품종이 있다. 무 역시 깍두기용 무와 총각김치용 무가 서로 다르다. 고추와 마늘, 파 등의 향신료나 다른 재료들의 선택도 이와 마찬가지라고 할 수 있다. 이처럼 김치 종류에 따른 재료의 선택이 중요하지만 이들 재료의 배합 비율도 대단히 중요하다. 이는 김치 종류 그리고 지역과 가정마다 서로 다르다. 따라서 배합 비율에 따라 김치의 품질이 다를 수밖에 없다. 재료의 선택과 배합 과정은 김치의 품질과 개성을 유지하는 기본 절차이다.

제2과정인 주재료의 소금 절임은 소금 용액을 이용하거나 결정형 소금을 주재료에 직접 첨가하는 방법이다. 소금 절임과 그 농도는 다음에 이어지는 여러 과정, 특히 발효와 숙성, 저장과 직접 관계가 있다. 배추김치의 경우, 절단한 배추를 소금 용액에 넣어 일정시간 절인다. 그러나 일부 통배추김치의 절임과 깍두기의 절임에는 적당량의 소금을 주재료에 직접 골고루 뿌리는 방식으로 한다. 배추는 절인 후 물에 헹구고 물기를 뺀 다음, 배합 비율에 따라

혼합된 다른 재료 혼합물이나 양념 속을 넣는다. 소금의 농도는 모두를 혼합한 후 최종적으로 2% 내외가 알맞다고 알려져 있다.

제3과정인 발효 숙성 과정은 김치를 삭히는 과정, 즉 익어서 맛이 드는 과정이다. 김치 발효는 재료에 존재하는 야생의 미생물에 의하여 일어나며 소금 농도, 온도 등에 영향을 받는다. 발효가 진행되면서 유산균 등 소금에 잘 견디는 내염성 미생물이 관여하면서 유기산이 생성되고 독특한 맛과 향기, 질감이 완성된다. 발효 숙성된 김치는 저온에 보관하여 과도한 발효를 억제시켜 장기간 저장하면서 먹는다.

주요 김치의 담금 방법

배추김치의 담금

이제 본격적으로 배추김치를 담가 보기로 한다.

옛날 어머니들은 김장할 때 미리 김칫독과 기타 도구를 모두 준비하고 담금 절차를 세세하게 검토하였다. 그리고 재료의 선택과 구입, 다듬기, 담금 방법, 김장 도우미를 완벽하게 계획하고 이행하였다. 여기에서는 오늘날 일반 가정이나 소규모 김치공장에서 행하는 담금 절차를 따져보기로 한다. 배추김치(또는 통배추김치)는 일반김치류를 대표하는 것으로 우리가 가장 즐겨 먹는 김치이다. 일반적인 담금 과정을 보면 그림 7-1과 같다.

먼저 좋은 배추를 골라 시들은 겉잎을 떼어 낸 다음, 밑둥치로부터 칼을 넣어 2~4쪽의 포기로 나눈다. 이때 다른 재료들도 잘 다듬어 씻어 둔다. 여기까

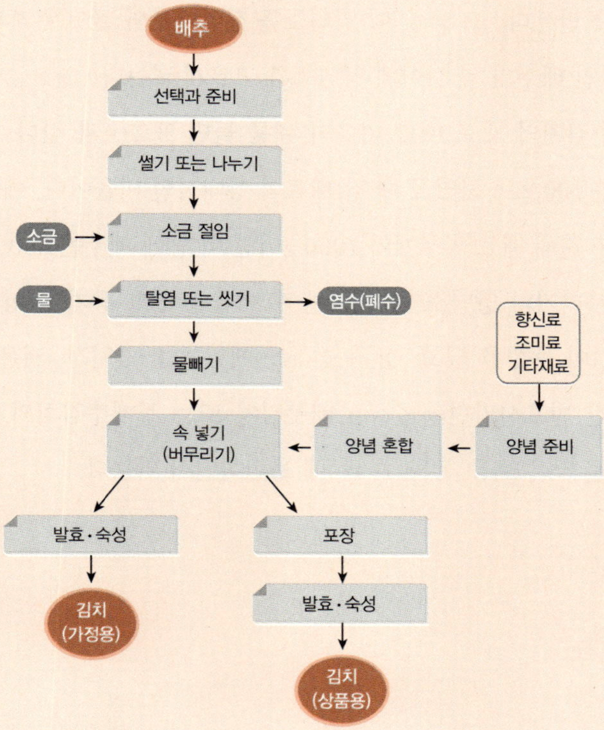

그림 7-1 | 가정용 및 상품용 배추김치의 담금 과정

지의 과정이 주재료인 배추의 선택과 준비, 썰기 과정이다.

준비된 배추 재료를 8~15%의 소금 용액에 2~10시간 절이거나 배추에 건조 소금을 뿌려 절인 후, 물에 헹구고 물기를 뺀다(소금 절임, 탈염 및 물 빼기 과정). 이어 별도로 가늘게 썰어둔 무 · 당근 · 갓 · 파 · 양파 등과 미리 다져둔 마늘과 생강, 그리고 고춧가루 · 조미료 · 젓갈 · 소금 등을 일정 배합 비율로 잘 섞어 양념소를 만든다(양념 준비). 이 양념소를 절임배추와 골고루 혼합한다(양념 혼합). 이어 절인 배추의 잎 사이에 양념소를 고르게 넣는다(양념소 넣기).

한편 배추김치의 재료 배합 비율의 예를 들면 표 7-4과 같다. 이 배합비는 재료 전체를 100으로 하였을 때 각 재료의 상대적인 비율이다. 예를 들면 배추김치의 경우 전체 재료의 무게가 1000 g이면 이 중에 배추는 800 g이 된다.

다음, 버무리거나 양념소 넣기를 한 후 이들을 발효 용기(예: 김치냉장고) 또는 김칫독에 담아 뚜껑을 덮고, 상온(20~25℃)에서는 1~3일간, 저온(2~10℃)에서는 1~3주간 발효시키면(발효 숙성) 배추김치 또는 통배추김치의 최종 제품이 된다. 발효된 것은 보통 저온(-4~8℃)에 보관하면서 먹는다.

깍두기 담금

김치류 중에서도 가장 오랜 역사를 지닌 김치무리는 바로 무김치이다. 배추김치류와 같이 무일반김치류(깍두기 · 총각김치 등)와 무물김치류(동치미 · 열무물김치 등)가 있다. 깍두기는 무를 주재료로 하는 대표적인 일반김치류로 볼 수 있으며 식용 빈도 및 기호도 등에서 총각김치와 함께 배추김치 다음의 위치에 있다.

깍두기 담금에 쓰이는 무는 당 함량과 조직감 등이 재료 선택의 중요한 기준이 된다. 깍두기 담금에서 네모 모양의 무 각(角)썰기는 함께 먹는 주식(밥 · 국수 · 탕류 등)에 따라 그 크기를 달리 한다. 깍두기는 조건에 따라 쉽게 시거나 물러질 수 있기 때문에 저장성이 낮다.

깍두기 담금을 위해서 먼저 깨끗이 씻은 무를 일정 크기의 정방형으로 썬다. 이때 크기와 모양에 따라 절임 방법이 달라진다. 정방형 2 cm 내외로 절단한 경우 건염법으로 절인다고 할 때 무 무게의 2.5% 내외의 소금을 뿌려 30분 이상 절인다. 대량으로 품질을 균일하게 담그기 위해 소금물에 의한 절임 방법을 택할 수도 있다. 기타 재료의 준비는 배추김치 담금에서와 같다.

깍두기의 재료 구성과 그 배합 비율은 표 7-4와 같다. 일정한 크기로 썰어서 절인 무에 고춧가루를 넣고 버무려 고춧물을 들인다. 때로는 고춧가루와 액젓 등의 혼합물로 물들이기를 행한다. 여기에 다진 마늘과 생강, 젓갈(국)을 넣어 버무린 뒤 준비한 다른 재료를 넣어 가볍게 섞고 다시 버무린다. 그리고 소금, 간장, 설탕 등으로 맛을 조정한다. 이를 김치 항아리에 담고 저온(5℃ 이하)에서

표 7-4 | 각종 김치의 재료 배합 비율(예)

재료	배추김치(%)	깍두기(%)	동치미(%)
배추	80.0	–	–
무	12.0	87.0	90.0
고춧가루	1.0	1.5	–
마늘	0.5	1.0	1.0
생강	0.4	0.5	0.5
파	1.0	1.0	1.0
갓	1.0	1.0	1.0
미나리	1.0	–	–
새우젓	0.8	4.0	–
액젓	1.1	–	–
소금	0.5	2.0	4.0
기타	0.7	2.0	2.5

주 1) 백김치와 동치미에 사용되는 소금물(또는 물)의 사용량은 제외함
2) 구영조, 최신양: 『김치의 과학기술』(1991년))에서 인용

6일 내외, 15℃ 정도에서 약 2~3일, 그 이상의 온도에서는 1~2일 발효시킨 후 냉장고로 옮겨 저장하면서 먹는다.

물김치(동치미)의 담금

대체로 물김치는 건더기의 맛 · 향기 · 색깔 · 조직감 외에 국물이 갖는 맛이 강조된다. 건더기와 국물을 다 같이 즐겨 먹을 수 있는 장점도 있다. 일반적으로 국물 부분은 맛이, 건더기 부분은 씹는 조직감이 중요한 요소이다. 물김치의 맛은 탄산미 · 신맛 · 감칠맛 · 짠맛 · 단맛 · 떫은맛이 특징이다. 물김치에는 여러 가지 종류가 있으나 특히 동치미 · 백김치 등이 널리 애용되고 있다.

동치미는 전형적인 무 물김치의 한 종류이며, 담금 방법은 그림 7-2와 같다. 무 재료는 작은 것으로 단단하며 매운맛이 있으면서도 매끈한 것을 선택한다. 이어 적당한 크기로 나누고 잔털과 억센 잎을 뗀 다음 깨끗이 씻는다. 다른 재료 역시 잘 선택하여 손질한다. 다듬기를 끝낸 무를 독에 넣고 소금을 뿌려 일정시간 절인다. 마늘 등은 망사주머니에 담아 김칫독 바닥에 넣고 절인 무와 삭힌 고추 · 파 · 갓을 넣는다. 여기에 소금물을 붓고 뚜껑을 덮은 후 일정기간 발효시킨다. 재료 배합비의 한 예를 들면 앞의 표 7-4에서의 내용과 같다.

이제 조금 다른 이야기를 해 보자. 가족끼리 서로 의논하고 도우면서 김치를 한번 담금해 보면 어떨까? 처음에는 실패하기 쉽다. 그러나 두어 번 실수하면 어떤가? 지금은 김치 담금에 관한 좋은 책도 있고 텔레비전에서도 관련 프로

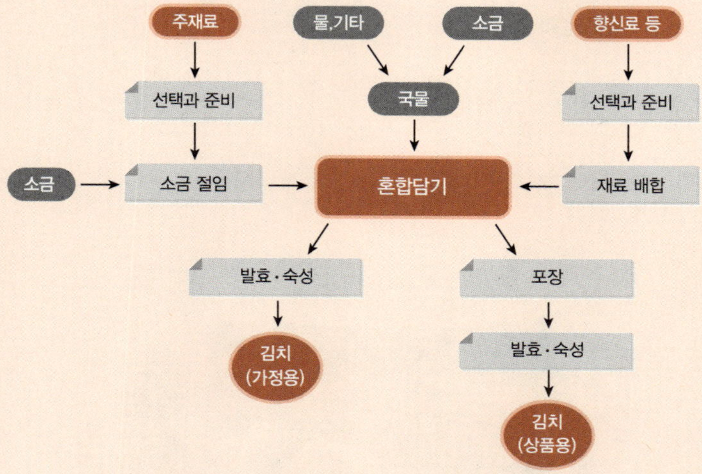

그림 7-2 | 물김치 담금 과정

그램이 많이 나오고 있다. 조리하는 즐거움을 만끽하고 또 자기가 만든 김치를 맛있게 먹어 보는 것도 재미있지 아니한가!

최근 미국이나 유럽 여러 나라의 가정에서는 가족이 함께 요리하고 먹는 일이 유행이라고 한다. 미리 준비된 재료를 시장에서 구입하여 다 같이 피자를 굽거나 파이를 만들고 있다. 이와 같은 가벼운 조리의 즐거움은 주말에 온 가족이 함께 어울리는 소중한 기회가 되고 있다. 또한 그런 취미를 가진 동호인들이 모여 작은 품평회도 열면서 맛과 멋을 함께 즐긴다고 한다. 여가를 이용해서 이런 식으로 함께 김치를 담가보는 것이 어떨까? 이제 그런 시대가 되었다.

· 8 ·

소금 절임 과정이 왜 중요할까

"거의 태초로부터, 그리고 아마도 역사가 시작되고 나서부터 소금은 인간의 식생활과 세계 경제에 있어서 지극히 중요한 요소가 되어 왔다."

- 리이 탄나힐(Reay Tannahill) 의『역사 속의 식품, Food in History』에서

"삼투 작용으로 소금이 조직 내로 침투하여 저장성을 높이면서 내염성의 유산균에 의한 발효를 촉진하고 배추 조직을 유연하게 만든다. 그러므로 김치 담금에서 소금 절임은 지극히 중요한 과정이 아닐 수 없다."

- 이 책의 8장 본문에서

경이로운 존재,
소금

소금은 사람의 혓바닥에 분포되어 있는 미뢰(味蕾)를 교묘하게 자극하여 짠맛을 느끼게 한다. 조미료로서의 기능 이전에 생리적으로 인간은 일정량의 소금을 섭취하지 않으면 생명을 유지할 수 없다. 이뿐만 아니라 소금은 발효와 방부를 목적으로 식품 가공에 널리 이용되고 있다. 이외에도 소금은 여러 가지 기능을 갖고 있어서 인간에게 있어서 그 존재는 가히 경이로울 정도이다.

인간이 소금을 사용한 역사는 아주 오래되었다. 여러 학설이 있으나 신석기 시대에 이집트와 근동에서 이미 소금을 생선 절임에 이용하였다는 기록이 있다. 지금부터 거의 5000여 년 전의 일로 추정하고 있다. 고대 이집트인들은 산이나 들에서 수렵한 조류(鳥類)를 소금에 절여 저장하였다. 이는 신석기혁명이라는 일련의 과정 중에 태어난 개선된 식품 저장 방법이었다. 또한 고대 로마 시대에는 일종의 액젓인 가룸(garum)이라고 불리는 조미료가 있었으며 이는 어패류에 소금을 넣어 삭힌 것이라고 한다.

중국과 한반도에서는 언제부터 소금을 이용하였는지 분명하지 않다. 다만 신석기 시대 전후일 것으로 짐작하고 있으나 역시 추정일 뿐이다. 이에 관하여 기록으로 남아 있는 몇 가지 내용을 간단히 살펴보기로 한다.

이성우 교수의 『고대한국식생활연구』(1994)에 의하면 중국의 한(漢)나라 시대에는 국가가 소금에 대한 전매제도를 선포하여 이를 왕실에서 직접 관장하였다고 한다. 『삼국지』 '위지동이전'에는 동옥저에서 만든 소금을 바다가 없는 고구려에 바쳤다는 기록이 있다. 강인희 교수는 『한국식생활사』(1995)에서 통일신라 시대에는 소금이 필수 조미료의 하나였으며 소금에 관한 일체의 업무를 차부(鹺府)라는 관청에서 맡아보게 하였다고 적고 있다. 고려 시대에도 소금의 전매권이 국가에 귀속되어 있었다. 이처럼 소금은 일찍이 국가나 사회 경제에 중요한 영향을 주었던 물품임에는 틀림이 없다. 리이 탄나힐이 『역사 속의 식품』에서 말한 것처럼 거의 태초로부터, 그리고 역사가 시작되고 나서부터 소금은 인간의 식생활과 경제에 지극히 중요한 요소가 되어 왔던 것이다.

이제 본격적으로 소금에 대한 이야기를 시작해 보자.

오늘날 우리가 사용하고 있는 소금은 일부 암염 등도 있으나 대부분이 해수염이다. 해수염의 종류는 여러 가지인데, 크게는 천일염과 정제염으로 나누고, 정제염은 다시 기계염과 가공염으로 구분하고 있다. 최근 시중에 판매되고 있는 소금 종류 몇 가지만 살펴보기로 한다.

천일염은 그림 8-1에서와 같이 바닷물을 일정 장소에서 증발 농축시켜 소금을 석출시킨 것이다. 천일염에는 흙과 모래, 그리고 다른 불순물이 들어 있으

그림 8-1 | 바닷물을 증발 농축시켜 만든 천일염의 모습

며, 그 순도에 따라 차이가 있지만 5~12% 수준의 수분이 함유되어 있다. 이러한 천일염을 물에 녹여 먼저 흙과 모래를 제거하고, 남아 있는 칼슘과 마그네슘 등의 무기질 성분과 다른 성분들을 이온 교환막 공정을 통해 제거하여 거의 순수한 정제염(기계염), 즉 염화 나트륨(NaCl)을 얻는다.

최근에 가공염이라는 상품들이 시중에서 판매되고 있다. 예를 들면 생소금은 천일염에서 흙과 모래 그리고 간수를 제거한 후 원심분리한 것을 말한다. 여기서 말하는 간수는 염화 마그네슘 등이 주성분이며 소금을 공기 중에 두면 저절로 녹아 나오는 물질이다. 또한 구운 소금과 생금도 있다. 천일염을 세라믹 반응로에서 800℃ 이상의 온도에서 구워 불순물 · 간수 · 기타 성분을 제거한 것이 바로 구운 소금이다. 더 높은 온도인 1300℃ 이상의 온도에서 세 번 정도 구운 것은 생금이다. 이외에 죽염이라는 것도 있다. 이것은 천일염을 대

롱 속에 넣고 그 입구를 진흙 반죽으로 봉한 다음, 1300℃ 이상의 고온에서 여러 차례 가열하여 만든 것이다.

지금 소개한 여러 가지 소금 종류 가운데 정제염 · 천일염 · 구운 소금 · 죽염에 대한 무기질 성분 조성의 한 예를 들어 보면 표 8-1과 같다. 이 표의 내용을 좀 쉽게 살펴보자. 이들은 성분들이 조금씩 다르다. 먼저 고도의 정제 과정을 거친 정제염은 염화 나트륨 순도 99.8%이고 칼슘 · 마그네슘 · 칼륨 · 유황 등의 무기질 성분의 함량이 아주 낮다. 천일염은 순도 94.45이며 다른 성분들은 상대적으로 정제염보다 더 많다. 죽염은 대나무 통에서 고온으로 가열한 관계로 칼륨 · 마그네슘 · 유황 등의 함량이 상대적으로 높고 염화 나트륨의 순도가 93.6% 수준이다.

이제 소금의 겉모양을 한 번 보자. 그림 8-2는 소금의 외형을 특수 주사식 전자 현미경(SEM)을 이용하여 100배 확대하여 살펴본 결과이다. 시약용으로 쓰이고 있는 초정제 염화 나트륨과 기계정제염은 소금의 특징적인 육각형의

표 8-1 | 우리나라 소금의 주요 무기질 함량(예)

소금	Ca	K	Mg	P	S	Fe	NaCl(%)
정제염	161	870	10	0.3	33	0.4	99.8
천일염	1037	3701	10266	89	7439	2.6	94.4
구운소금	926	2729	8750	82	5585	9.9	93.0
죽염	390	11136	3552	809	1525	99.5	93.6

주 1) NaCl(염화 나트륨)의 단위는 %, 기타 무기질 성분들은 PPM임.
2) 하정옥 등: 『한국식품영양과학회지』 27권 3호(1998)에서 부분 인용

결정 구조를 가지고 있다. 하지만 천일염은 무기질 등의 다른 성분들에 의해 특징적인 결정 구조가 보이지 않는다. 생소금은 물로 씻는 과정이나 원심분리 과정을 거치는 동안에 특징적인 구조가 손상되었고 구운 소금 · 생소금 · 죽염들도 높은 온도에서 열을 가한 까닭으로 역시 특징적인 구조가 파괴되고 변형되어 있다

소금의 성분을 요약하면 염화 나트륨이 주성분이지만, 수분과 미량의 염화 마그네슘, 황산 칼슘, 염화 칼륨, 황산 마그네슘 등의 성분도 함유되어 있다. 원래 소금은 짠맛을 지니고 있으나 염화 마그네슘 등의 물질이 많아지면 쓴맛이 난다. 짠맛은 NaCl의 음이온에 의한 작용으로 생각되며, 소금의 짠맛을 느끼는 최소의 농도는 0.058% 내외로 보고 있다. 소금은 물에 잘 녹으며 물 100 g

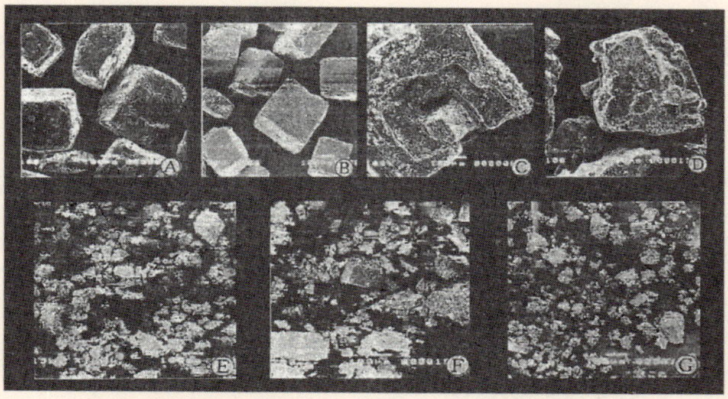

그림 8-2 | 여러 가지 소금의 외관(100배)

주 1) 위 왼쪽에서부터 A: NaCl(시약급), B: 정제염(기계염), C: 천일염, D:생금(1),
아래 왼쪽에서부터 E: 구운 소금, F: 생금(2), G: 죽염
2) 하정옥 등: 『한국식품영양과학회지』 27권 3호(1998)에서 인용

에 대한 용해도는 온도에 따라 약간 차이가 있으나 35~39 g 범위이다.

소금은 고대로부터 방부제로 사용하였던 재료이다. 조미료로 사용하는 것 외에 소금은 생체의 수분 활성도를 떨어뜨려 부패 미생물이나 병원성미생물의 생육을 억제시킨다. 또한 각종 식품의 조직 형성, 색깔 조정, 수분 유지 능력 향상, 밀가루 반죽 성질 개선, 빵 효모 발효 조정 등의 다양한 품질 개선 효과를 주는 특수한 재료이다. 오늘날 우리나라에서는 소금이 식탁용 조미료나 가정에서 담그는 각종 장류, 김치 등에 널리 이용되고 있다. 보통 간장에는 10~22%, 된장에는 7~12%, 버터에는 2%, 김치에는 1.5~2.2% 함유되어 있다.

또한 소금은 한제(寒劑)의 구실도 한다. 소금과 물을 1:3의 비율로 혼합하면 -21℃까지 온도가 내려갈 수 있다. 그리고 소금 용액의 농도에 따라 삼투압이 높아지는 특성을 갖는다.

지금까지 우리가 알아본 내용은 모두 의미 있는 것들이지만 무엇보다도 더 소중하게 생각해야 할 것은 바로 소금이 인체 내에서 중요한 생리작용을 하고 있다는 사실이다. 일반적으로 인체에 흡수되고 있는 나트륨(Na)은 세포 외액에 가장 많이 존재하는 양이온이다. 그리고 세포 외액량, 산과 염기의 평형, 세포막 전위의 조절, 세포막 물질의 수송 등 여러 가지 생리적 작용을 하고 있다. 우리나라와 세계보건기구(WHO)는 1일 나트륨 2000 mg(소금으로는 거의 5 g에 해당함)을 섭취하도록 권장하고 있다.

이와 같은 모든 것을 생각해 보면 소금이야말로 인간에게 있어서 옛날이나 지금이나 필수불가결한 요소이며 경이로운 존재가 아닐 수 없다.

소금 절임,
왜 중요하며 어떻게 하나

소금 절임 과정에서 중요한 일이 일어난다

각종 절임식품에 소금을 사용하는 것은 인류가 창안한 중요한 식품가공 저장법의 하나였다. 고대 이집트 사람들은 주로 부패 방지를 위해 소금을 사용하였지만 소금의 기능은 앞에서 잠시 살펴본 것처럼 지극히 다양하고 복잡하다. 결과적으로 소금은 맛을 내면서 씹는 조직감을 부여하고 저장성과 가공성을 향상시키며 적절한 발효 조절 작용을 한다.

특히 소금의 저장성 향상과 발효 조절 기능은 주로 소금 용액이 갖는 삼투 작용에 의해서 이루어진다. 먼저 소금의 삼투 작용에 의해서 채소 내의 수분과 소금 용액과의 교환 현상이 일어난다. 절임 과정 중의 삼투 작용은 배추 재료 내외의 삼투압 차이에 의한 것으로 침투와 확산에 의하여 일어난다. 이때 배추의 수분과 소금 용액이 서로 교환되는데, 소금은 재료 내로 흡수되어 들어가고, 배추 자신은 부분적으로 물이 빠져나가면서 탈수된다. 이러한 작용으로 재료의 수분 함량이 적어지고 자연스럽게 수분 활성도 낮아진다.

배추는 수억 개 또는 그 이상의 많은 세포들로 이루어진 세포의 집합체라고도 말할 수 있다. 채소의 살아있는 세포는 두꺼운 세포벽으로 둘러싸여 있으며 세포벽 구성 성분은 주로 탄수화물 고분자 물질로 이루어져 있어 대단히 견고하다. 그러나 소금 절임 과정에서 세포벽이 부분적으로 파괴되어 내부 세포액이 자체의 영양 성분과 함께 밖으로 나오고 소금 용액이 내부로 침투하게 된다. 이때 원형질막이 손상되고, 세포 간의 결합층이 분리된다. 이것은 세포액의 유출에 의해 세포가 이완되거나 수축되고, 더 나아가 세포와 세포를 결착시키고 있는 중층(middle lamella)도 손상되기 때문이다.

여기서 흥미 있는 것은 중층의 손상과 함께 일어나는 펙틴질의 변화이다. 중층에 있는 펙틴질 성분이 칼슘과 결합하여 단단한 조직을 형성하고 있다. 또 다른 일부의 펙틴은 해미셀룰로스와 결합하여 세포벽의 주성분인 셀룰로스와도 연결되어 있다. 절임을 할 때 소금의 내부 침투와 함께 펙틴질과 결합되어 있는 칼슘이 용출되어 나오며, 이것이 펙틴 분해, 배추 조직의 변화(예를 들면 연화 현상)가 시작되는 원인이 된다.

펙틴질 외에도 다른 여러 가지 변화가 일어나 결과적으로 지금까지 싱싱하고 윤이 나던 배추는 생 채소의 모습을 잃게 된다. 또 잎과 줄기가 부드럽고 나긋나긋해진다. 또한 배추 한 가닥을 먹어 보면 소금 맛으로 인해 약간 짠맛이 나고 조직감도 아삭하는 느낌을 갖게 한다.

이를 조금 다른 차원에서 살펴보자.

원래 각 세포들은 그림 8-3에서와 같이 내부에는 원형질 등이 있고 그 안에는 여러 가지 성분들로 채워져 있다. 그리고 그 밖에는 세포막으로 둘러싸여 있다. 세포 수준에서 보면 삼투 작용에 의해 소금 용액의 침투와 확산으로 세포 내의 수분과의 교환, 탈수 현상이 일어나게 된다. 이에 따라 세포에서는 원형질 분리, 수분과 영양소 손실, 위축, 소금 침투 등의 현상이 일어나게 되고 결과적으로 배추 조직의 변화와 성분 변화가 함께 일어나게 된다. 소금 용액의 농도가 4% 이상이면 원형질의 축소 현상이 촉진되고 이 농도에서 24시간 담가두면 세포질이 거의 유실되는 것으로 알려지고 있다.

소금의 삼투 작용으로 인한 이러한 현상은 배추에서만 일어나는 것이 아니라 그 속에 살고 있는 수많은 미생물들의 세포 단위에서도 일어난다. 원형질이 위축되고 내부는 소금 용액으로 치환되어, 결과적으로 미생물 세포는 기능을 상

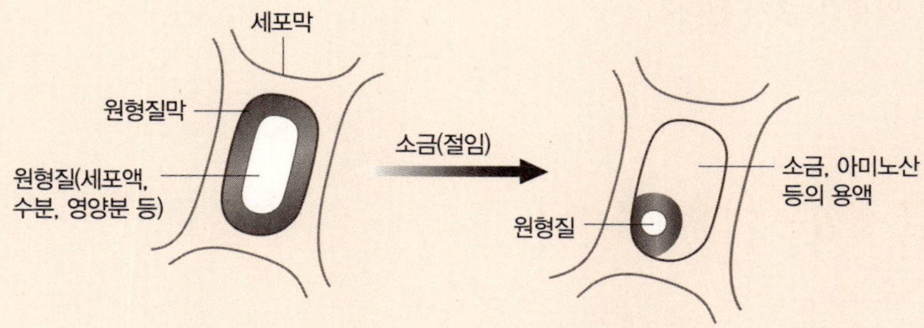

그림 8-3 | 소금 절임에 의한 세포의 변화와 원형질 분리

실하고 생육이 억제되거나 죽게 된다. 소금의 삼투 작용이 이처럼 미생물의 생육(또는 효소 활성)을 억제하거나 조절하는 역할을 하는 것이다. 미생물의 생육에 대한 이와 같은 소금의 영향은 미생물의 균주 특성, 각종 균의 수, 수소 이온 농도(pH) 등에 따라 생육 억제 정도가 다르다. 보통 병원성세균이나 부패균들에게 강하게 나타나지만 유산균은 소금에 잘 견디는 내염성이 있어서 15% 내외의 용액에서도 생육한다. 김치 발효의 후기에 김치, 즉 묵은 김치의 윗부분에서 나타나는 산막효모는 그 이상의 농도에서도 생육할 수 있다. 한편 소금 농도에 따라 각종 효소의 활성도 서서히 시간을 두고 억제된다.

따라서 소금에 비교적 잘 견디는 내염성의 일부 세균(주로 유산균)이 세포액에서 나온 여러 가지 성분을 이용하여 생장하면서 김치 발효를 주도하게 된다. 소금의 삼투압은 소금의 농도 외에 온도의 영향을 받으며 온도가 높으면 삼투 속도가 빠르다. 소금의 순도 역시 삼투 속도에 영향을 주며 칼슘이나 마그네슘염 등이 있으면 속도를 저하시킨다. 또한 소금의 농도가 높아질수록 물에 대한 산소의 용해도는 감소하므로 공기를 좋아하는 호기성세균의 생육에도 많은 영향을 주게 된다.

소금 절임은 어떻게 할까?

오늘날 배추의 소금 절임에 사용되는 소금은 주로 천일염이다. 그러나 실제로 우리가 사용하는 천일염은 생소금에 해당된다. 생소금은 흙과 모래, 간수를 제거한 후 원심분리 과정을 거친 것이다. 이러한 생소금 외에 정제염을 사용하기도 한다.

소금 절임 방법에는 건염법과 염수법이 있다. 건염법은 마른간법이라고도 하며 소금을 직접 채소에 뿌리는 방법이다. 소규모로 가정에서 어머니들이 소금 절임을 할 때 이용한다. 대체로 재료 내외의 삼투압 차이가 크기 때문에 침투와 탈수가 빨리 진행된다. 소금 사용양이 상대적으로 적다는 장점도 있다. 그러나 빠른 탈수 작용으로 재료의 절임이 고르지 않아서 품질이 균일하지 않다는 단점이 있다.

염수법은 물간법이라고 하며 소금 용액으로 담금을 하기 때문에 비교적 소금의 삼투 작용이 균일하게 일어난다. 그리고 과도한 탈수 현상이 없으며 농도 조절이 쉽다. 따라서 규모가 큰 공장의 소금 절임에서 많이 이용된다. 그러나 염수법은 10~15% 소금 용액으로 절임할 때 휘저어 섞어 주어야 하고 소금의 양이 많이 소요되는 단점이 있다.

보통 가정에서 어머니들이 절임하는 마른간법을 좀 더 눈여겨보자. 마른간법은 직접 소금을 뿌리면서 절이는 방법이다. 이때 절이는 소금의 양은 배추 무게의 10% 내외로 하면 된다. 배추는 칼로 절단한 쪽을 위로 하되, 두껍고 흰색을 띤 줄기 안팎으로 가볍게 뿌리면 된다. 이를 한쪽에 차곡차곡 쌓아두면서 절이고 시간이 지나면서 자연스럽게 소금물 일부도 빠지도록 한다. 겨울철이면 실내에서 5~7시간, 여름철이면 이보다 짧은 시간으로 절일 수 있다. 절이는 동안 한 번 또는 두 번 정도 배추의 위치를 아래위로 바꾸어 주는 것이 좋다.

절여진 배추는 처음보다 무게가 20~25% 줄어들게 된다. 그리고 부피도 줄어들며 앞에서 이야기한 것처럼 조직이 부드럽고 아삭아삭한 질감을 갖게 된다. 이를 세 번 정도 물에 헹궈 씻으면서 짠맛의 일부를 제거한 후 다시 물기를 뺀다. 그림 8-4는 절여진 배추의 모습이다. 이때 배추에 남아 있는 소금 농도는 1.6~2.0% 범위가 적당하다. 절여진 배추 줄기 한 가닥을 입에 넣어 씹었을 때 짠맛과 유연성의 정도가 적당해야 하며, 이는 성분 분석을 하지 않는 한 경험적으로 판단할 수밖에 없다.

여기서 잠시 머리를 식혀 보자. 김채원의 소설 『겨울의 환』에는 김장할 때 배추 절이는 모습이 마치 그림같이 그려져 있다.

> "커다란 무쇠 식칼로 배추를 쪼개는 일. 큰 포기는 네 쪽으로 작은 것은 두 쪽으로 마당에서 쪼개었습니다. 머리에는 타월을 덮어쓰고 돌아 앉아 어머니는 배추를 쪼개었지요. …… 다 쪼갠 배추를 소금에 절여 놓았다가, 다음날 아침에 본격적인 김장을 시작합니다. 우물가에서 배추를 씻어 커다란 소쿠리에 절여진 배추를 척척 놓으면 전날 그렇게 많아 보이던 배추도 양이 많이 줄어듭니다."

추운 겨울 초입에 김장 행사를 치르는 우리 가정의 모습이 떠오르지 않는가! 이 소설의 몇 구절이 우리 전통사회의 김장 분위기와 배추 소금 절임에 대한 소중함을 느끼게 한다.

이제 물간법이다. 물간법은 마른간법과는 달리 소금물을 미리 준비해야 한다. 소금물의 농도는 10% 내외로 한다. 즉 사용한 물의 1/10 되는 무게의 소

그림 8-4 | 절임 배추의 모습

금을 그 물에 녹이면 된다. 이때의 소금물 농도는 절임 과정 중 배추 조직 내의 소금 침투 속도에 영향을 준다. 처음 2시간까지는 모든 농도에서 배추 조직 내부로 소금이 빠르게 흡수되며 그 이후는 서서히 흡수된다. 이때 소금 농도가 높을수록 흡수 속도가 빠름을 알 수 있다.

한편 적절히 쪼갠 배추를 소금물에 넣어 잠겨 있도록 적당하게 다른 것으로 눌러 주어야 한다. 절임 시간은 온도에 따라 다르지만 여름철 온도이면 6~8시간, 겨울이면 그 이상 절이도록 조절한다. 그리고 중간에 소금물을 두어 번 휘저어주고 상하의 배추 위치를 서로 바꾸어 주는 것이 바람직하다.

절임배추가 상품으로 유통되고 있다

최근에는 농촌에서 배추를 수확하면서 현지 생산시설에서 바로 소금 절임을 하는 경우도 많다. 생배추가 아니라 상품화된 절임배추가 도시 인근의 수요자, 즉 김치공장 · 시장 · 가정으로 직접 공급되고 있는 것이다.

비록 전체 김치 소비량에 비하면 절임배추 상품화 수량은 아직도 한정되어 있으나 기존의 유통체계를 통하여 계절에 관계없이 꾸준히 수요자들에게 공급되고 있다. 절임배추의 유통은 원료의 수요와 공급 조절, 가격 안정, 쓰레기 반입 감소, 수송비 절감, 간편성 등의 여러 가지 장점이 있다.

이전까지 가정 또는 공장에서는 배추가 도착하면 가능한 바로 절인 후 계속 다음 김치 담금 단계로 진행된다. 그러나 절임배추 유통의 경우는 일정기간 저장하면서 가정이나 백화점(또는 대형 유통할인점), 그리고 김치공장에 공급하게 된다. 절임배추가 도착하면 시간을 조절하면서 형편에 따라 다음의 김치 담금 순서로 진행된다. 아직도 절임배추를 저장하는 기술이 완전하지 못하므로 단기간 저장 · 유통에는 큰 어려움이 없지만 장기간 저장 · 유통에서는 문제가 발생할 수 있다.

실제로 절임배추 상품을 이용하는 입장에서 생각해 보자. 가정 및 백화점(또는 대형 유통할인점) 등에서 이루어지고 있는 소규모 유통체계에서는 생배추가 아니라 처음부터 절임배추를 이용하는 것이 훨씬 더 편리하고 여러 가지 면에서 매력적이다. 도착한 절임배추를 향신료 · 조미료 · 기타 부재료와 함께 버무려 금방 김치 담금을 할 수 있기 때문이다. 또한 가정주부들이 주문에 의해 절임배추를 구입한다면 재료의 정선과 집에서 행하는 소금 절임의 번거로움이 줄고 직접 자기들의 레시피로 담금을 할 수 있다. 백화점(또는 대형 유통할인점)의 경우도 비슷한 장점이 있다. 구매자의 요구에 따라 절임배추를 이용하여 즉석에서 다른 재료를 혼합하여 김치를 담가 줄 수 있기 때문이다. 이 경우 절임배추는 반가공품(중간상품)이라고 할 수 있다.

아직까지는 더욱 정교한 기술이 개발되어야 하겠지만, 저장-절임체계 기술을 효과적으로 운영하면 가을 · 겨울철에 많이 생산되는 품질 좋은 배추를 이듬해 여름까지도 이용할 수 있다. 이를 위해서 먼저 가을배추 수확 즉시 냉장저장하여 이듬해 4, 5월까지 품질을 유지하도록 하고, 그 후에 저장배추를 소금 절임해서 이 절임배추를 여름까지 저장 · 유통한다면 7, 8월에도 좋은 품질의 절임배추의 공급이 가능할 것이다.

그러나 이에 대한 것은 기술적으로 부족한 부분이 있으므로 연구가 더 필요하다고 생각된다. 앞으로 배추산지 중심의 배추절임공장과 소비지 인근의 김치공장이 서로 손을 잡는다면 절임공장에서 생산된 반가공품, 즉 절임배추가 품질 면에서나 경제적인 면에서 널리 이용될 전망이다.

한편 절임배추의 품질 요소에는 여러 가지가 있으나 중요한 것들로는 절임할 때의 수율, 소금 농도, 조직감, 수분 함량, 당 함량, 산도, 미생물(유산균) 수 등이 있다. 결국 절임배추의 최종적인 품질은 담금 김치를 적당하게 발효시킨 다음 이에 대한 관능검사와 이화학적 분석을 통하여 평가된다.

절임배추의 저장은 소금물에 담가 저온을 유지하는 방법을 택한다. 예를 들면 절임배추를 5%의 소금물에 잠기도록 하되(공기와 접촉하지 않도록 하되), 절임배추를 미리 저밀도 폴리에틸렌 필름으로 포장한 뒤 0℃에서 저장하면 일정 기간 좋은 품질을 유지할 수 있다. 저장 중 포장 방법에 따라 약간의 차이는 있으나 유산균 증식으로 유기산이 생성되어 절임배추의 산도가 조금씩 오르면서 수소 이온 농도(pH)가 서서히 낮아진다. 이렇게 하면 대체로 4주까지는 저장할 수 있다.

나트륨 섭취 줄이기,
저염 김치

오늘날 나트륨 과다 섭취에 따른 만성 질환이 문제가 되면서 세계는 물론, 우리나라도 나트륨 섭취 저감화(低減化)를 위한 노력이 계속되고 있다. 세계보건기구(WHO)는 나트륨 과잉 섭취가 고혈압 · 심혈 관계 질환 · 신장 질환 등 다양한 만성질환의 원인이 된다고 경고한 바 있다.

하지만 앞에서 살펴본 것처럼 소금의 한 성분으로서 나트륨은 우리의 생명 유지를 위해 필수적인 물질이다. 하루에 필요한 양은 활동량이나 기타 특성에 따라 다르지만 우리나라와 WHO는 2000 mg을 1일 섭취 권장량으로 제안하고 있다. 그러나 우리나라 국민의 1일 나트륨 섭취량은 2011년에 4381 mg, 2013년에는 4027 mg이었다. 비록 섭취량이 감소하는 추세에 있으나 아직도 과잉 섭취 수준에 머물고 있다.

우리나라 국민의 나트륨 섭취량이 높은 것에는 여러 가지 원인이 있는 것으로 분석되고 있다. 특히 외식 증가, 한식의 장류식품 및 절임식품 섭취, 각종 간편식품의 다량 섭취 등이 문제가 되고 있다. 그러므로 김치를 많이 먹는 우리로서는 김치를 통한 나트륨 섭취 저감화 노력에도 힘써야 한다.

국민건강영양조사 자료를 분석한 결과, 우리 국민 1일 배추김치 평균 섭취량이 2010년에는 71 g이었던 것이 2013년에는 63 g으로 감소하였다. 이를 나트륨 섭취량으로 환산하면 그 섭취량은 818 mg에서 407 mg으로 3년의 기간에 거의 50% 저감되었다. 이는 국민 1일 배추김치 섭취량 감소와 섭취 김치의 소금 함유량 저하, 즉 싱거운 김치를 작은 양 먹었기 때문으로 판단되고 있다.

시중에 판매되고 있는 유명회사의 상품김치 한 예를 들어 보자. 2010년 이전에는 상품김치의 소금 함량이 거의 2.5%이었으며 2011년도에는 2.2%, 2012년도에는 1.7%로 급격하게 낮아지고 있다. 이것은 관련 기술 개발과 유통체계 개선으로 이루어진 결과이다. 그리고 보통 가정에서 담그는 김치도 이전보다는 파격적으로 싱거워지고 있다. 이와 같은 김치 속의 소금 양의 변화는 우리의 건강과 범국가적인 나트륨 저감화 노력에 부응하는 반가운 결과임에는 틀림이 없다.

그렇지만 국민의 1일 김치섭취량을 더 줄여야 한다는 것은 보다 더 심각한 문제가 될 수도 있다. 오히려 건강을 위해 김치를 더 많이 먹어야 할 상황이다. 이것은 이미 이 책의 2장에서 5장까지의 내용에서 자세하게 살펴보았다. 다만 나트륨 저감화 노력은 저염 김치를 만들고, 저염 김치의 섭취에 의해서 비로소 이루어져야 할 일이다.

이미 상품김치나 가정 김치의 평균 소금 함량이 2.5% 수준에서 1.7% 수준으로 낮아지고 있다. 앞으로도 소금 대체 소재의 발굴, 절임 방법 개선, 저염 김치 레시피 개발, 발효 체계 개선, 완벽한 저온 유통 체계 유지, 저장성 향상 등에 대한 김치 소금 함량 저감화에 대한 연구가 계속 더 많이 진행될 것이다. 우리는 가능한 저염 김치를 더 많이, 즉 하루에 100 g 이상 먹음으로써 먹는 즐거움과 함께 건강을 도모해야 한다.

·9·

김치의 오묘한 발효 과정

"소금 절임채소의 자연 발효는 다음의 4단계로 진행된다.

즉 발효 개시(준비) 단계, 제1차 주 발효 단계, 제2차 주 발효 단계,

그리고 후 발효 단계이다."

- 핸리 플래밍: 『발효식품』 중의 「채소발효」에서

발효와
슬로푸드

김치 담금이 끝나면 김칫독 내부에서는 여러 가지 새로운 일들이 일어난다. 즉 환경 조건에 따라 재료들 속의 다양한 미생물들이 서서히 활동을 시작하여 김칫독의 작은 세계는 미생물의 세계가 된다. 그들의 활동에 따라 구성 성분들이 변하며 삭고 익어가는 과정이 계속된다. 담금 김치의 입장에서 보면 삭고 익어가는 과정, 즉 발효와 숙성 과정을 밟게 되는 셈이다. 일반적으로 발효와 숙성은 금방 시작하고 짧은 시간에 완성되는 것이 아니며, 제법 긴 시간이 소요된다.

최근 유럽이나 미국은 물론, 우리나라에서도 슬로푸드 바람이 불고 있다. 21세기는 웰빙 시대 더 나아가 힐빙(힐링+웰빙) 시대라고 하니 그것은 어쩌면 당연한 일인지도 모른다. 금방 먹을 수 있는 즉석 햄버거나 라면과 같은 패스트푸드 대신에 슬로푸드를 먹기 위한 운동이 번지고 있다는 것이다. 슬로푸드의 기본 자세는 '자연의 재료를 천천히 장시간 숙성시키고 또 조리해 먹자.'라는 것이다.

슬로푸드는 여러 가지 방식으로 만들어지고 있다. 그 중 가장 중요한 것은 긴 시간 동안 천천히 발효시키는 방법이라고 할 수 있다. 발효가 지니고 있는 아주 특별하고도 오묘한 작용에 의해 자연의 재료로부터 우리가 원하는 소중한 슬로푸드가 만들어지게 된다. 김치나 된장, 막걸리, 요구르트나 포도주 등은 모두 발효에 의해서 얻어진다. 특히 예로부터 이어온 우리나라의 주요 전통식품은 거의 발효식품이다. 이쯤 되면 궁금한 것이 있다. 바로 발효란 무엇인가이다.

발효는 유익한 미생물이나 효소가 관여하는 완벽한 생체 반응이다. 넓은 의미의 발효는 미생물(또는 분비하는 효소)이 유기물질을 단순한 물질로 분해하는 과정을 말한다. 좁은 의미의 발효는 공기가 없는 혐기성 상태에서 당분을 분해하여 에너지와 다른 유기물을 만드는 과정을 뜻한다. 이때 미생물은 그 에너지를 그들의 생명 활동에 이용하며, 생산된 물질은 발효된 식품의 하나로 인간에게 제공된다. 발효를 쉽게 다시 정리하면, 식품 재료에 함유되어 있는 당이나 다른 유기물질을 차례로 분해 또는 변화시켜 유익한 물질을 생산하는 작용이다. 발효 과정 중에 일어나는 화학 반응은 여러 단계의 세부 반응이 차례로 일어나 완성되고 세부 반응마다 효소들이 관여한다. 오래전부터 발효 방법은 식품을 가공하거나 저장하기 위한 중요한 수단이 되고 있다. 전통적인 방법에는 식품 재료에 자연적으로 부착되어 있는 여러 가지 미생물을 이용하였으나 최근에는 바람직한 미생물만 따로 분리한 후 순수 배양한 종균을 이용하는 경우도 많다.

이때 사용되는 미생물은 곰팡이, 효모, 세균들이다. 이들 중에 하나의 미생물이 관여하면 단용 발효 작용, 두 가지 이상이 관여하면 병용 발효 작용이라고 한다. 이러한 미생물의 발효 작용은 여러 가지 조건, 즉 시간 · 온도 · 수소 이온 농도 · 산소 · 영양 성분 · 염의 농도 등의 조건이 적당해야 일어난다.

한편 부패는 발효의 연속 과정이지만 미생물이 주도하는 복잡한 화학 반응에 의하여 유기물이 분해되어 우리에게 바람직하지 않은 냄새 또는 유해 물질을 생산하는 경우를 말한다.

일반적으로 발효 작용은 해로운 미생물의 생육을 억제하고 식품의 저장성을 향상시킨다. 그리고 새로운 물질을 생산하여 전혀 다른 물성, 영양성, 건강 기능성의 새 식품을 만든다. 더 중요한 것은 숙성 과정에 의하여 재료 성분을 분해하거나 향미물질도 생산하여 해당 식품의 품질을 높여 준다.

발효는 식품 가공 저장 방법 중에서도 아주 오래된 전통적인 방법이자 가장 현대적인 방법이다. 즉 삼국시대 이전부터 시작하여 오늘날까지 이용되고 있는 가장 이상적이면서도 자연 친화적인 방법으로, 관여하는 미생물의 종류와 그들이 분비하는 효소의 작용에 따라 여러 가지가 있다.

그림 9-1에서와 같이 발효 식품에는 유기산 발효 식품(김치 · 식초 · 사우어크라우트 · 요구르트 등), 알코올 발효 식품(막걸리 · 포도주 · 맥주 등), 장류 발효 식품(간장 · 된장 · 고추장 · 청국장 등), 조미료 발효 식품(글루타민산 · 핵산 등)이 있다.

오늘날 발효 식품은 많은 사람들에게 크게 사랑받는 전형적인 건강 슬로푸드이다. 이미 우리는 전통적인 식생활에서 많은 발효 식품을 먹고 있으며, 이

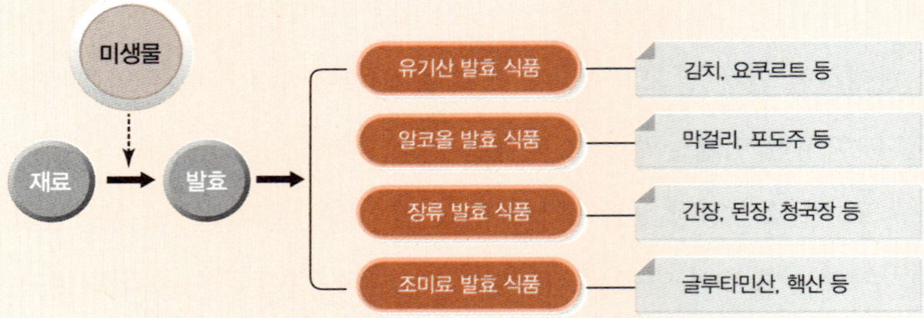

그림 9-1 | 발효에 의해 생산되는 여러 가지 종류의 식품

들로 인해 식탁이 풍요로웠고 또한 우리의 건강을 지켰다. 새삼스럽게 슬로푸드가 크게 인기를 얻고 있는 것은 오늘의 패스트푸드 문제를 고려한 자연회귀와 웰빙 및 힐빙 정신에서 비롯된 현상이라고도 할 수 있을 것이다. 그런 점에서 이제 우리는 발효와 발효 식품에 보다 더 주목해야 할 필요가 있다.

김치 발효에서는
무슨 일이 일어나는가

먼저 주재료인 배추의 소금 절임부터 따져 보아야 한다. 소금 절임 과정 중 재료 속의 물과 소금 용액에 녹는 물질들이 세포 외액 속으로 나오고, 이어 그들이 조직 밖의 국물 쪽으로 나온다. 따라서 김치 국물은 대부분이 물과 소금 용액에 녹아서 나온 조직의 영양 성분으로 구성되어 있다. 이와 같은 조직 성분들의 이동과 함께 비로소 소금에 잘 견디는 유산균을 중심으로 발효가 시작된다.

김치 발효는 여러 종류의 미생물이 관여하고, 특히 유산균이 주도적으로 참여한다. 그리고 5장에서 설명한 바와 같이 동질유산발효와 이질유산발효가 진행된다.

발효가 진행되면서 일어나는 가장 주요한 이화학적 변화는 무엇일까?

먼저 재료와 국물 속에 들어 있는 당분이 분해되어 차츰 감소하고 대신 동질 또는 이질유산발효에 따라 다른 성분이 생성된다. 이때 생성되는 물질 중에 가장 많은 것이 유산 등 유기산이며 이 외에 탄산가스와 에탄올 등이 있다. 이 반응에 관여하는 당분은 대부분이 배추에서 오며 주로 포도당과 과당이다.

그림 9-2는 이 반응의 가장 기본적인 변화를 보여 주고 있다. 주요한 것은 당분(환원당)의 감소이다. 여기서 환원당이라고 함은 주로 포도당과 과당을 합친 것을 말한다. 그리고 산도(총산으로서 유산 %로 표시함)가 증가하며, 이에 따라 수소 이온 농도가 낮아진다. 이 그림은 배추김치의 발효 조건을 소금 농도 3%, 온도 20℃로 조정한 모델 김치 발효 과정에서 살펴본 것이다.

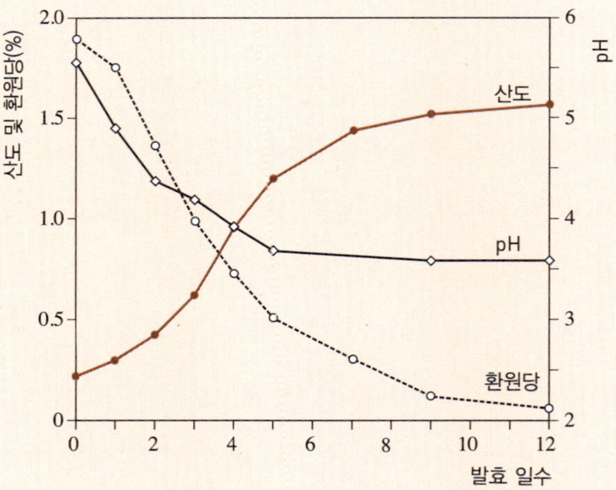

그림 9-2 | 배추김치 발효 과정 중 산도 · 환원당 · pH의 변화

주 1) 발효 온도는 20℃, 소금 농도는 3.0%임
2) 민태익, 권태완, 이철호: 『산업미생물학회지』, 9권 4호 253쪽(1981)에서 인용

산도는 초기에 서서히 증가하다가 일정시간이 경과하면 빠르게 오른다. 그러나 일정 수준에 이르면 거의 증가하지 않는다. 이와 같은 산도의 증가 현상은 미생물, 당분의 양, 소금 농도, 온도에 크게 영향을 받는다. 일반적으로 신맛이 적당한 김치의 산도는 사람에 따라 다르지만 0.4~0.7% 범위이다. 반면에 당분인 환원당은 초기에 빠르게 감소되고(1.9%에서 0.5% 수준까지) 그 이후에 서서히 감소하다가 후기에는 거의 존재하지 않는다. 발효 초기에 일어나는 환원당의 감소는 주로 전체의 50% 이상을 차지하는 포도당의 감소에 의한 것이다.

최근에는 김치를 담글 때 설탕을 자주 사용한다. 따라서 발효 미생물이 이용할 당분은 포도당, 과당, 설탕이 된다. 이 반응은 이미 5장에서 제시한 반응과는 다르며 유산과 초산 등의 유기산, 탄산가스 외에 만니톨, 덱스트린 등이 생성된다.

김치 담금에서 곡물류, 전분 등으로 만든 풀을 첨가하면 발효 초기에는 이들이 가수 분해되어 당의 함량이 증가하지만, 발효가 계속되면 유산균이 당을 이용하게 되어 다시 감소한다. 포도당 · 과당 · 설탕 외에 김치 속에 있던 다른 당류, 예를 들면 만노오스, 갈락토스 등은 발효가 진행되면서 점차 감소한다. 그러나 만니톨은 오히려 발효 후기에 생성되다가 서서히 감소하는 경향이 있다. 이러한 당류 성분의 감소는 미생물의 영양원으로 이용되면서 유기산 등 여러 가지 물질로 전환되기 때문이다.

한편 탄산가스는 발효가 시작된 후 서서히 증가하다가 일정 수준에 이르면 거의 변화가 없다. 탄산가스는 상당 부분 김치 국물에 녹아 탄산수($H_2O+CO_2 \rightleftarrows H_2CO_3$) 상태로 있다. 탄산가스가 물에 녹는 양, 즉 용존량은 소금 함량이 낮은 김치에서, 그리고 저온 김치에서 상대적으로 더 많은 경향을 보이면서 상쾌한 맛을 낸다. 탄산가스는 발효 초기에 이질발효유산균에 의하여 생성된 것이다.

발효가 바람직하게 진행되면 초기의 미숙김치에서 시간 경과와 함께 숙성김치로 완성되고, 이 시점에서 김치의 관능적 요소들인 맛과 조직감, 색깔과 향기들이 가장 알맞게 조성된다. 김치의 영양과 건강 기능성도 이때에 가장 풍요로운 수준에 이른다.

하지만 발효가 더 계속되어 과숙하게 되면 신맛이 너무 강해지는 산패 현상이 일어나고 조직이 물러지는 연부 현상도 나타난다. 김치의 연부 현상에 깊이 관여하는 효소는 발효 후기에 그 활성이 높으며, 주로 김치 표면에 막을 만드는 산막 미생물로부터 분비되는 것이다. 그리고 펙틴질 및 클로로필 등의 물질이 변화되면서 조직감 변화와 함께 색깔에도 변화가 일어난다.

김치 발효에 관여하는 미생물들

김치는 여러 가지 재료로 담근 것이기 때문에, 재료에 생육하고 있는 다양하면서도 수없이 많은 미생물들이 김치 발효 초기부터 관여하게 된다. 이런 관점에서 김치의 세계는 미생물들의 작은 생태계라고 할 수 있다. 복잡한 생태계의 미생물 내용을 여기서 모두 말할 수는 없을 것이다. 다만 김치 발효에 관여하는 주요 미생물들, 그들의 생장과 발달에 대해 간단히 소개하고자 한다.

원래 재료에 존재하였던 미생물들

김치는 자연발효 식품이므로 발효 초기부터 채소류 등 여러 가지 재료에서 오는 각종 미생물들의 영향을 받을 수밖에 없다. 채소들은 원래 토양 · 공기 · 물 등으로부터 유래된 여러 가지 미생물들을 지니고 있다. 특히 토양 미생물군의 영향을 가장 많이 받는다. 이들 미생물을 살펴보면 세균 · 방선균 · 사상균 · 효모 등이지만, 세부 속으로는 바실루스(*Bacillus*), 클로스트리듐(*Clostridium*) 등 수없이 많고 복잡하다. 따라서 이들 내용을 모두 이해하기는 쉽지 않다.

채소의 미생물 중 세균류는 주로 호기성 및 혐기성(또는 편성 혐기성) 세균류들로 구성되어 있으며, 중성 또는 약한 알칼리성(또는 약한 산성)에서 생육하는 것들이 많다. 일반적으로 이들 일부는 유익한 발효의 주역이 되기도 하지만, 재료의 단백질 · 탄수화물 · 지방질들을 쉽게 분해할 수 있으므로 부패 및 영양소 손실의 원인이 되며 아울러 악취가 생기는 등 많은 문제를 일으킨다.

그러나 채소를 씻는 과정과 소금 절임 등의 과정을 거치면서 일부 부패균과 병원균 등이 제거되고, 많은 종류의 미생물들은 생육이 억제되면서 죽는다. 반면에 소금에 잘 견디는 내염성 유산균 등은 생육이 활발해지고, 결국 이들이 김치 발효를 주도하게 된다. 이들 유산균은 거의 주재료인 배추와 향신료인 마늘 등으로부터 유래한 것이다.

한편 생채소류에는 곰팡이들도 많다. 채소의 외면에 생육하고 있는 이들 곰팡이는 대부분이 공기와 물, 토양에서 오염된 것이다. 이들 곰팡이들은 내염성이자 산에 강한 내산성의 성질을 갖고 있으며 공기를 접할 수 있는 호기적 조건에서 잘 생육하며 페니실륨(*Penicillium*), 아스페르길루스(*Aspergillus*) 등 중요한 것들이 많다. 이들 역시 소금 절임 및 씻는 과정에서 많이 제거된다. 하지만 일부 곰팡이들은 김치 담금 중에 공기와 접하는 김치 표면이나 용기의 표면에 생육하면서 변질과 악취 발생, 조직의 연화 등을 유도한다. 이 때문에 곰팡이 생육을 억제하기 위해서는 김치 발효 용기 내의 환경을 가능한 공기가 통하지 않는 혐기적 조건으로 유지할 필요가 있다.

또한 효모는 내염성이 있으며 혐기적 조건에도 생육이 가능하지만 원칙적으로 호기적 조건에서 생육한다. 절임식품에서 사카로미세스(*Saccharomyces*) 등과 같이 유익한 일을 하는 효모도 있지만 한새눌라(*Hansenula*) 등 많은 효모들은 김치 담금에서 바람직하지 않은 영향을 줄 수도 있다.

재료로 사용되는 젓갈은 20~30%의 소금 농도에서 발효시킨 것이므로 내염성 · 호염성이면서 편성혐기성인 세균과 효모들이 생육하고 있다. 이들 사용량은 비록 적지만 김치 발효 초기에 다소 영향을 줄 수도 있다. 그러나 김치 발효가 진행되면서 수소 이온 농도가 점차 낮아지고 내부가 혐기적인 환경으로 바뀌면서 이들의 역할은 크지 않게 된다.

김치 발효 과정 중 미생물의 성장과 발달

김치 발효는 김칫독의 폐쇄된 생태계에서 진행된다. 따라서 공기가 거의 없는 혐기적 조건, 소금 농도가 2% 내외의 특수한 조건에서 성장할 수 있는 미생물들이 중추적인 역할을 하게 된다. 유산균 중심으로 발효가 진행되면 유산 등의 유기산과 탄산가스 생성 때문에 pH가 점점 낮아지고 더 심한 혐기적 조건으로 발효 환경이 바뀐다. 이에 따라 내산성 · 혐기성인 유산균이 더욱 왕성하게 김치 발효를 지배하게 된다. 이처럼 발효 단계에 따라 김치 미생물의 내용이 계속적으로 변화한다.

김치가 갖는 소규모의 폐쇄된 생태계에서 미생물의 총군집이 어떻게 환경에 적응하며 성장 · 발달하는지 의문스럽지 않을 수 없다. 그리고 각 군집 내에서도 다양한 속들이 존재하고 있으므로 이들 속 군집의 내용, 더 나아가 종의 구성과 그 변화를 간단히 살펴보도록 하자.

여기서 미리 생각해 두어야 할 것이 있다. 김치 체계에서는 김치 재료의 다양성, 담금 방법의 차이, 미생물 분리 동정 방법 등의 기술적 차이 때문에, 일반 화학 반응에서처럼 늘 정확하고 동일한 결과를 얻기 어렵다. 다시 말하면 김치 발효 과정 중의 미생물 생육 상황이 늘 일정하지는 않다.

배추김치 발효에서 대표적인 군집인 유산균 군집과 효모 군집의 성장 · 발달을 살펴보면 흥미로운 사실을 발견할 수 있다. 먼저 이야기할 수 있는 것은 이 두 군집의 생육은 서로 다른 현상을 나타낸다는 점이다. 유산균 군집은 발효 초기에 총 생균수의 증식과 거의 비슷하게 균수가 증가하며 김치가 알맞게 익었을 때(산도 0.4~0.8, pH 4.0 내외)에는 거의 최고 수준에 달하다가 서서히 감소하게 된다. 그러나 효모 군집은 초기에 아주 서서히 증가하다가 김치가 알맞게 익은 이후, 즉 유산균 군집이 감소하는 시기에 증가하는 경향을 보인다. 효모는 김치의 향미 성분이나 에탄올 생성 등에 기여할 것으로 추정되지만 발효에 대한 기여 내용도 분명하게 밝혀지지 않고 있다. 그리고 발효 후기 또는 과숙기 이후에는 부패성의 효모 · 곰팡이 · 세균 등이 증식하게 된다.

이제 군집에서 더 세부적으로 들어가 속 군집이나 개개의 미생물 종에게로 눈을 돌려 보자. 여러 연구자들의 연구 결과에 의하면 그람양성균 군집을 구성하고 있는 유산균의 속 군집에는 주로 락토바실루스, 류코노스톡, 바이셀라, 스트렙토코쿠스, 페디오코쿠스 등이 있다. 그리고 개체군인 종의 분포와 빈도 등에서는 류코노스톡 메센테로이데스(*Leuconostoc mesenteroides*), 류코노스톡 파라멘센트로이데스(*Leuconostoc paramesenteroides*), 스트렙토코쿠스 라피노락티스

(*Streptococcus raffinolactis*), 페디오코쿠스 펜토카세우스(*Pediococcus pentocaceus*), 락토바실루스 플란타룸(*Lactobacillus plantarum*), 락토바실루스 사케(*Lactobacillus sake*), 락토바실루스 브레비스(*Lactobacillus brevis*), 바이셀라 사이바리아(*Weissella cibaria*) 등의 유산균들이 있다. 이들은 발효 온도 및 소금 농도에 따라 성장 · 발달하는 유산균의 동적 변화가 단계적이면서도 다양하게 나타나고 있다.

발효 과정 중 이러한 주요 미생물 변화의 한 예를 보면 그림 9-3과 같다.

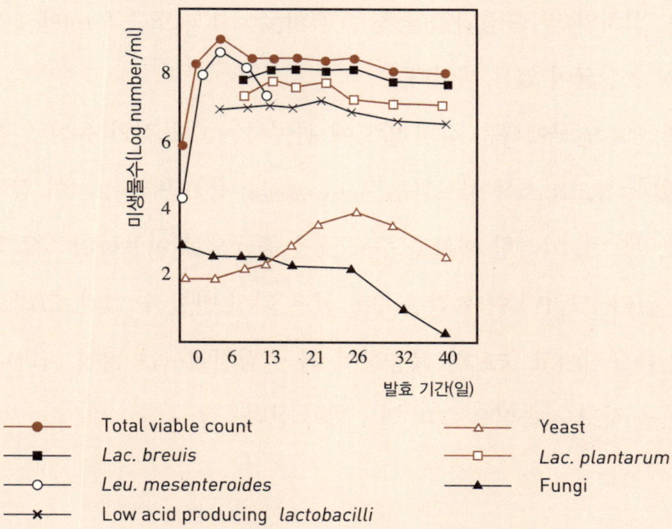

그림 9-3 | 김치 발효 중 주요 미생물의 변화

주 1) 김치의 발효 온도 14℃, 소금 농도 2.25%
2) 14℃ 김치의 적숙기(산도 0.70%일 때)는 발효 10일째임. 기타 본문 참조
3) 민태익, 권태완: 『한국식품과학회지』, 16권 4호 443쪽(1984)에서 인용

그림 9-3은 김치를 온도 14℃에서 40일간 발효시키면서 여러 가지 미생물 중에서 총 생균수, 주요 유산균, 효모, 곰팡이의 변화를 살펴본 것이다. 그림에서 김치가 잘 익은 적숙기는 산도 0.70%를 나타낼 때이며 발효 10일째이다. 총 생균수나 여러 유산균은 적숙기 전에 최고의 균수를 보여 주며 그 이후 감소하고 있다. 효모는 적숙기까지 서서히 증가하다가 유산균이 감소하기 시작하면 빠르게 증가하다가 다시 감소한다. 그리고 곰팡이는 처음부터 감소하고 있다. 유산균 종인 류코노스톡 메센테로이데스는 적숙기에 거의 ml(cc)당 각각 10^8~10^9에 달하고 있다. 그러나 후기에 락토바실루스 플란타룸이 주도적으로 관여한다. 김치가 잘 숙성되었을 경우 김치(국물) 1 g 또는 1 ml에 1억 개에서 10억 개의 유산균이 있는 셈이다.

한편 최근의 연구에서는 김치 발효에 관여하는 대표적인 유산균 집단이 달라지고 있다. 류코노스톡 시트륨(*Luconostoc citerium*) 등 6종(5장 참조)이 김치 발효를 주도하고 있으며, 이러한 새로운 주요 균을 종균으로 이용하여 상업적으로 산업화하고 있다. 그러나 이와 같은 주요 균은 다시 변할 수 있다. 그리고 이전의 연구에서 대표적이고 중요한 균종들이 최근 김치에서는 많이 나타나지 않는다면 관심을 갖고 지속적으로 더 연구해야 한다.

발효 단계와 이에 따른 김치 숙성

담근 김치는 소금의 작용으로 잡균의 번식이 제한된 환경에서 인체에 유용한 유산균이 발효를 주도한다. 발효가 진행되면서 산도가 증가하고 유산을 비롯한 다양한 유기산과 기타 성분들이 생성된다. 그리고 김치는 알맞게 숙성된다. 한편 유산 생성은 어느 시점을 중심으로 최대를 이루었다가 발효 후기에 다소 감소한다. 그 후 김치는 과숙하게 되고 산패기를 경과하면서 잡균의 번식이 시작되면서 차츰 부패된다.

이와 같은 발효의 진행 과정에서는 유기산의 생성 정도가 대단히 중요하며, 이에 따라 산도가 김치 숙성 여부의 주요 지표가 된다. 산도에 따른 김치 맛의 형성, 즉 숙성 정도는 다음과 같다. 산도 0.4% 이하에서는 아직 덜 익은 미숙 단계이다. 알맞게 익은 산도 범위, 즉 숙성 단계의 산도 범위는 0.4~0.75 범위이다. 그리고 0.75% 이상이면 서서히 시기 시작하고 이보다 더 높은 산도에 이르면 과숙과 산패 단계에 이른다. 아주 높은 온도에서 발효가 급속하게 진행된 것이 아니면, 적당한 맛의 산도 범위는 0.4~0.75 범위에 있다. 하지만 개인의 취향에 따라 미숙김치를 먹을 수 있고, 약간 신선한 맛을 좋아한다면 산도 0.4~0.5% 범위를, 조화로운 신맛을 느끼려면 산도 0.6~0.75% 범위의 김치가 적절할 것이다.

숙성 정도를 고려할 때 김치 발효는 단계적으로 일어난다. 발효의 진행에 따른 각 단계마다 미생물학적, 생화학적, 관능적 특성이 다르며, 종합적인 숙성에도 차이를 나타낸다. 이러한 모든 변화는 김치 내의 주어진 환경 조건에서 생육하는 미생물의 수와 종류 등의 변화에 기인한다.

김치 발효의 단계성은 중요한 특성의 하나이므로 따져볼 필요가 있다. 김치를 담근 후 발효시키면서 산도 · 유산균수 · 총 생균수 · 유산균 비 등을 조사해 보면, 김치의 숙성 과정에는 핸리 플래밍(Flemming, H. P.)이 제안한 소금 절임 채소의 자연 발효에서처럼 발효의 단계성이 있다. 그것은 네 단계(I, II, III, IV)로 구분되며 그림 9-4와 같다. 이 그림은 김치 발효 과정 중 유산균수와 산도의 변화, 발효 단계를 나타낸 것이다. 물론 모든 김치에서 그리고 어떤 환경에서도 이러한 정확한 단계의 과정을 거친다는 것은 아니다. 복잡하고 미묘하지만 대부분의 김치 발효는 이런 패턴을 가지고 있다. 발효 단계에 따른 숙성 과정과 과숙, 변패 과정을 다음에서 살펴보기로 한다.

발효 제I 및 제II 단계와 김치의 숙성

발효 제I단계는 담금 초기이므로 미생물 생육의 유도기에 해당된다. 발효 준

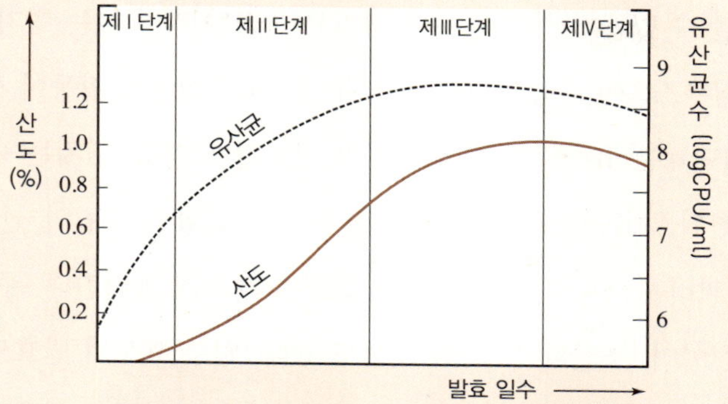

그림 9-4 | 김치 발효 과정 중의 유산균 및 산도 변화와 발효 단계

주) 최홍식: 『김치의 발효와 식품과학』(2004) 195쪽의 내용을 일부 수정하여 인용

비단계인 이 시기에는 산도가 낮으며 발효가 본격적으로 일어나지 않는다. 그러므로 김치는 익지 않은 미숙 상태에 있다. 이때의 주요 미생물로는 유산균, 초산균, 토양세균, 기타 각종 부패균들이 함께 존재하고 있다.

시간 경과와 함께 이질유산발효 유산균인 류코노스톡속이 빠르게 번식하기 시작한다. 이로 인하여 김치 내부는 휘발성 유기산과 탄산가스가 발생하며 유리산소는 점차 적어지는 혐기 상태로 변한다. 그리고 각종 재료들의 세포 조직에서 물에 녹거나 소금 용액에 녹는 가용성 물질이 물과 함께 밖으로 용출되어 김치 국물 쪽으로 빠져나와 미생물의 생육에 필요한 영양소로 제공된다.

김치 용기 내의 환경이 혐기 상태로 변화되면서 세포 조직에 존재하던 탄산가스도 조직 밖으로 빠져나온다. 이러한 가스 방출 현상은 15℃ 이상의 온도에서 발효시킬 경우 2~3일 동안 지속된다. 이 시기가 끝나면 국물 내에 유산균이 번식할 수 있는 영양적 균형이 생기고 산소가 거의 없는 혐기 상태가 되어 락토바실루스속이 주류가 되는 동질유산발효 유산균의 활동이 시작된다.

발효 제II단계는 유산균의 생육이 가장 왕성한 시기로, 김치는 숙성된 맛을 내기 시작한다. 제I단계에서 가스 배출 현상이 끝났을 무렵의 산도는 0.1~0.2%에 불과하지만 이 시기에 와서는 산도가 빠르게 올라간다. 주요 생성 유기산은 유산이며, 초산과 그 외의 것들도 있다. 일부 효모의 발효도 진행되지만 유산균의 생육이 빨라지고, 특히 동질유산발효 유산균의 생육이 왕성해진다. 이때의 동질유산발효 유산균은 다른 미생물에 대한 강한 항균 작용이 있어서 잡균들이 감소하게 되는 원인이 된다. 산도가 0.2~0.3% 범위를 나타낼 무렵부터 유산균 이외의 다른 미생물은 생육이 거의 정지된다.

이와 같은 미생물 상황의 변화로 김치의 발효 속도는 매우 빠르게 진행되며 산도가 0.7% 내외로 높아져 산미가 적당하고 또 김치 고유의 맛이 들게 된다. 산도 0.4~0.75%에 해당되는 이 시기를 김치의 숙성기라고 할 수 있으며 맛이 가장 좋은 때이다. 소금의 약간 짠맛, 여러 가지 재료에서 우러난 다양한 맛, 발효에서 생성된 유산 등의 유기산에 의한 신맛, 탄산가스 등이 조화되어 독특한 김치 맛과 상쾌한 느낌을 갖게 한다.

이와 같은 제I, 제II 단계의 발효는 유산균의 종류와 그 우열 관계, 균의 수, 김치의 발효 조건(특히 초기 온도)에 큰 영향을 받는다. 이에 따라 김치의 숙성과 맛이 크게 달라질 수 있다. 같은 산도의 김치라고 해도 구성하고 있는 유기산의 조성이 다르면 맛이 달라진다.

발효 제III 및 제IV 단계와 김치의 과숙

제II단계가 지나면 산도가 0.8% 이상으로 높아지며 산미가 강하고 과숙 상태가 되어 먹기가 점점 어렵게 된다. 이 시기가 지나면서 산패기의 발효 제III단계에 이른다. 이 단계의 초기에는 유산균의 활동이 지속되면서 다른 균에 대한 저항력, 즉 항균력도 어느 정도 유지되므로 유산균 이외의 미생물 활동은 아직 활발하지 않다. 따라서 산도는 계속 증가하여 신맛이 강하게 된다.

시간 경과와 함께 pH는 4.0 부근으로 떨어지며, 아울러 김치 조직의 변화가 시작된다. 제III단계 후기에서는 미생물의 수적 변화와 발효 작용이 아주 느리게 진행된다. 유산균의 새로운 번식보다 사멸 속도가 더 빠르게 진행되고 활동력과 잡균에 대한 항균 능력이 약화된다. 이 단계의 김치는 그 상태에 따라 소위 묵은지로 먹을 수 있을 것이다.

발효 제IV단계에 이르면 지금까지 가파르게 오른 산도, 유산 등의 유기산 함량, 유산균 수가 감소하게 된다. 반면에 유산균 이외의 염기성 세균, 즉 부패 세균이나 효모 및 그 밖의 잡균들이 번식하기 시작한다. 또 이들에 의하여 여러 가지 휘발성 유기산과 에탄올이 생기고 아울러 유기물의 분해로 인한 암모니아 등의 가스가 발생하여 불쾌한 냄새가 나고 부패하게 된다. 그리고 김치 표면 또는 윗부분에는 산막효모가 생육하여 흰색 등의 색깔을 띠는 골마지도 생성된다. 그러므로 이 시기의 김치는 그 자체로는 거의 먹기 어렵다.

이와 같은 발효 단계에 있어서 김치의 품질을 향상시키는 방법은 발효 제II단계의 전기에서 유산균의 활동력을 강화시키는 동시에 제II단계 후기를 가능한 길게 유지시키는 것이다. 자연조건으로 담근 김장김치는 후기가 1개월 정도로 길지만 그 외의 계절에는 아주 짧으며, 10℃를 유지할 경우도 불과 10~15일 내외이다. 후기를 연장시킬 수 있는 가장 자연스러운 방법은 저온(-3~4℃)에 저장하는 것이다. 이를 위해서는 발효에 영향을 주는 환경요인들에 대해서 충분히 이해할 필요가 있다. 이에 대하여 다음 장에서 자세히 살펴볼 것이다.

·10·

김치 발효와 저장, 적당한 환경 조건이 있다

"이제 김치 발효를 위한 환경 조건을 과학적으로 생각해야 한다."

"전통적인 겨울 김장김치는 자연환경을 활용한 아주 이상적인 채소 발효 및 저장 방법의 하나이다. 저온에서 담가 땅속의 저온에서 발효시킴으로써 발효에 소요되는 시간을 적절히 조정하면서 장기 저장이 가능하도록 설계되어 있다. 이에 따라 긴 겨울철에 부족한 채소를 충분히 섭취하게 된다. 그리고 맛과 조직감이 좋으며 상쾌한 느낌도 갖는 장점이 있다. …… 다시 한 번 우리 선조들의 놀라운 지혜에 감탄을 금할 수 없다."

– 이 책의 9장 본문에서

김치 발효의 환경 요인은 무엇인가

화학적 환경 요인

담금 후 김칫독은 작은 생명체의 세계이다. 김치 발효의 입장에서는 작은 미생물의 생태계이며 더 나아가 유산균의 생태계이다. 김치 발효가 잘 되기 위해서는 이 생태계의 환경이 적절하게 조성되어 있어야 된다.

옛날 어머니들이 겨울 초입에 담금하였던 김장김치를 한 번 생각해 보자.

가을 수확이 끝난 겨울 초입이면, 며칠간 준비한 김장김치 담그기가 모두 끝난다. 담금 절차를 끝낸 김칫독 안의 생김치는 다음에 이어질 발효 작용을 기다린다. 김칫독은 땅속에 묻어 둔다. 그것도 볏짚 오가리 안의 땅속이다. 이때 사용한 독의 구조나 재질도 독특하다. 그리고 시간을 두고 발효시키면서 겨울에서 이듬해 봄까지 긴 기간 동안 숙성된 김치를 한 포기씩 꺼내 먹는다.

이러한 김장 김칫독 안의 세계는 김치 발효를 위한 좋은 환경 조건이 아닐까? 쉽게 그러한 생각을 하는 까닭은 바로 그런 방식으로 발효시킨 잘 익은 김장김치가 관능적으로 아주 좋은 맛을 지니고 있기 때문이다. 이에 대해서는 뒤에서 다시 자세히 살펴볼 것이다.

이제 김치 발효를 위한 환경 조건을 과학적으로 생각해 보기로 한다. 김치 발효의 환경 요인에는 크게 화학적 환경 요인과 물리적 환경 요인이 있다.

먼저 화학적 환경 요인을 살펴보자.

소금 농도

김치의 발효 체계 내에서 소금 농도가 높아지면 높은 삼투압과 소금 자체의 항균성으로 미생물의 생육이 억제된다. 김치의 소금 농도는 1.5~2.5% 범위로 광범위하지만 평균 2.0% 내외이다. 그러므로 소금에 잘 견디는 호염균 중에서도 2% 내외의 조건에서 잘 자라는 미호염균들이 주로 생육하게 된다. 이때 일반 미생물들의 생육이 소금에 의해 억제되는 이유는 여러 가지이다. 8장에서 살펴본 바와 같이 주로 삼투압에 의한 세포 내 수분의 유실과 원형질 분리, 관련 효소 저해, 산소 용해도의 감소, 세포의 탄산가스에 대한 감수성 증가, 염소 이온의 살균 작용 등에 기인하는 것이다.

김치 담금에 있어서 소금 절임은 필수적이다. 이는 당연히 김치의 발효에 큰 영향을 미친다. 특히 유산균과 잡균의 생육에 직접 영향을 준다. 김치 발효 과정 중 소금에 잘 생육하는 유산균의 내염성은 류코노스톡 메센테로이데스가 3% 내외이나 다른 유산균은 이보다 훨씬 높은 농도에서도 잘 생육한다. 김치는 재료를 멸균처리하지 않고 자연발효에 의존하므로 소금 농도가 0%일 때는 총균수에 대한 유산균 비율이 아주 낮으며 아울러 유산균의 성장도 어려워진다. 그러나 소금의 농도가 높아지면 이와 반대로 유산균 수가 많아지고 활동도 활발해지면서 발효에 직접 관여한다. 따라서 소금 절임을 하지 않은 겉절이는 사실상 유산발효가 진행되지 않은 것이다. 소금 절임 배추를 사용한 겉절이는 비록 발효가 제대로 된 것은 아니지만, 절임 과정 중에 초기 발효가 일어날 수도 있다.

반면에 소금 농도가 높아지면 상황이 달라진다. 많은 수의 잡균이 생육 억제를 받는 반면에, 김치 유산균과 일부의 균은 성장력이 강화된다. 그러나 소금 농도가 높으면 맛이 짜게 될 뿐만 아니라 나트륨 과다 섭취 등이 문제가 될 수 있으므로 소금 농도를 2.5% 이상 올릴 필요는 없다.

멸균 없는 자연발효 김치의 경우, 잡균의 생육을 억제하고 유산균의 적절한 생육을 위해서 최소한 1.8~2.0% 범위의 소금 농도를 유지하는 것이 바람직하다. 이 수준이면 발효가 효과적으로 진행될 수 있으며 김치 건더기와 국물의 맛도 정상 수준을 유지할 수 있다.

수소 이온 농도(pH) 또는 산도

발효 환경에서 pH는 관련 미생물의 생육에 이어 각종 생화학적 활성에도 큰 영향을 미친다. 김치의 경우도 예외는 아니다. 김치 속의 pH와 그 완충력에 따라 발효와 미생물 생육이 달라진다. 김치 자체는 비교적 pH에 대한 완충력이 낮으므로 유산균이 생산하는 유기산에 의해 산도가 높아지면서 pH가 낮아진다. 이러한 변화에 따라 유산균 및 기타 균들의 생육은 물론, 김치 자체의 품질 관련 효소 활성 등에도 영향을 주게 된다.

김치 유산균의 가장 적당한 pH는 균종에 따라 다르다. 예를 들면 류코노스톡 메센테로이데스는 5.4~6.8이나 락토바실루스 플란타룸은 3.5~4.2이다. 하지만 자연발효를 지향하는 김치 담금에서는 pH 조정이 쉽지 않다. 무엇보다 pH 또는 산도를 인위적으로 지나치게 조정하는 것은 권장할 만한 일이 아니다.

공기 또는 산소

담금 초기의 김치 미생물은 공기(또는 산소)를 좋아하는 편성호기성균과 공기(산소) 유무에 관계없이 생육할 수 있는 통성혐기성균들이 함께 살고 있다. 그러나 차츰 미호기성균 또는 통성혐기성인 유산균 중심으로 발효가 진행된다. 미호기성균은 산소가 요구되지만 대기압보다 낮은 산소 분압에서 생육할 수 있다. 그리고 이들 균은 산소 호흡에 의해서 에너지를 획득하기보다 당분의 발효적 대사에 의하여 에너지를 얻는다.

김치를 담글 때 산소의 존재는 유산균의 생육을 떨어뜨리는 원인이 될 수 있다. 하지만 일부 유산균들은 산소를 그들의 대사에 활용하여 산소에 대한 독성을 방어하는 능력이 있다. 그러므로 담금 초기에 존재하였던 공기 또는 산소는 발효가 진행됨에 따라 부분적으로 미생물에게 이용되거나 생성된 탄산가스에 밀려 외부로 이탈하게 된다. 그리고 김치 세계는 점차 혐기 상태가 되어 본격적인 발효와 숙성이 진행된다.

따라서 김치의 자연발효 조건에서는 김칫독 안이 가능한 공기와 접하지 않도록 김치를 차곡차곡 쌓고 가볍게 눌러주는 것이 바람직하다. 김치 표면에 공기와 접하는 부분은 배춧잎이나 다른 방법으로 공기와 차단되도록 하는 것이 좋다. 호기성 미생물(예: 산막효모)의 번식을 억제할 수 있기 때문이다.

여러 가지 당류

김치 발효의 주역을 담당하는 유산균의 물질의 생합성 능력은 한정되어 있다. 따라서 생육에 필요한 영양소가 다양하며 각종 영양소의 요구량도 복잡하다. 요구되는 여러 가지 영양소 중에서도 당분, 비타민 일부, 각종 아미노산, 퓨린(purine), 피리미딘(pyrimidine) 등이 중요하다.

유산균의 탄소원 및 에너지원으로 이용되는 당류는 포도당, 과당 등의 단당류와 설탕, 맥아당, 유당 등의 2당류이다. 전분이나 펙틴질 등의 탄수화물 고분자 물질은 가수 분해 효소에 의해 분해된 후 이용된다.

김치 유산균은 당류를 발효해서 유산 등 유기산을 생산하는 작용이 중요하므로 탄소원으로 당분의 함량이 주요 요인이 된다. 유산발효에는 배추 등 채소에 함유된 당성분이나 김치 담글 때 첨가하는 설탕, 곡류로 만든 풀 등이 주 탄소원으로 이용된다. 실제로 재료 중에서도 주재료에 함유된 당분(포도당과 과당 등의 환원당)이 주가 되고 있으며 기타 재료의 당분을 합하면 김치 발효에는 이 수준으로도 부족하지 않다.

최근에 와서 김치 담글 때 설탕을 사용하는 경우가 많다. 설탕은 김치 재료, 특히 채소 등에는 함유되어 있지 않기 때문에 별도로 첨가하고 있다. 김치를 담글 때 설탕이 첨가되면 앞의 9장에서 설명한 바와 같이 이질유산발효가 일어나게 된다. 따라서 유산뿐만 아니라 부산물로 초산, 탄산가스, 만니톨, 덱스트란이 생성되게 된다. 이에 대한 발효대사 관계를 여기서 자세히 설명할 수는 없으나 숙성된 김치에서 만니톨과 덱스트란이 많아지게 되어 김치 맛을 좋게 한다. 만니톨은 묘한 단맛을 내고 덱스트란은 김치 국물의 촉감을 좋게 할 뿐만 아니라 유익한 식이섬유소이기도 하다.

기타 여러 가지 영양소

앞에서 이야기한 것처럼 당분 외에도 김치 유산균의 생육에는 여러 가지 영양소가 필요하다. 특히 동질유산발효 유산균은 영양원으로 여러 가지 아미노산을 요구한다. 아미노산은 주재료 외에 젓갈류나 어패류 또는 육즙에서 얻는다. 실제로 김치를 담글 때 젓갈 등 아미노산 급원을 첨가시키면 유산균의 발육이 촉진되고 그 수가 많아진다.

일반적으로 젓갈 등 아미노산 영양원을 첨가시키지 않은 김치를 발효시킬 경우, 초기에는 상대적으로 영양요구도가 낮은 이질유산발효 유산균이 번식하고, 발효 중 · 후기에 이르러 동질유산발효 유산균이 번식하게 된다.

아미노산 외에도 비타민 B1(디아민), 판토텐산, 나이아신 등 핵산의 염기 성분들도 필수 성분들이다. 그러나 이들 역시 다양한 김치 재료들, 특히 동물성 재료들에서 어느 정도 공급이 가능하므로 추가로 이들 영양소를 첨가할 필요는 없다고 판단된다.

물리적 환경 요인

온도

이제 김치의 환경 요인 중에서 물리적 요인에 대하여 알아보자.

먼저 온도이다. 온도는 소금 농도와 함께 가장 중요한 김치 발효의 환경 요인으로, 김치의 유기산 및 산도, 유리당, 맛과 향기 성분 등의 형성에 큰 영향을 미친다. 김치 내부의 미생물들, 특히 유산균의 균종들은 온도에 따라 감수성이 다르고 결국 발효 양상이 변화되는데, 일정 범위 내에서는 고온일수록 발효와 숙성이 빨리 진행된다.

김치 발효 과정 중 온도에 따른 주요 유산균의 생육과 발효 · 숙성에 관해서는 9장에서 살펴보았다. 김치 발효 진행에 따른 산도 역시 온도의 영향을 크게 받는다. 모두 유산균의 생육은 온도와 밀접한 관련이 있기 때문이다.

유산균들의 생육 온도는 균종에 따라 5~45℃로 광범위하며, 유산균의 생육에 가장 적합한 온도는 20~30℃이다. 하지만 생육 최적 온도가 김치의 최적 발효 온도는 아니다. 이질유산발효 유산균과 동질유산발효 유산균들의 생리 생태계, 발효 단계와 숙성, 김치 맛(특히 유기산의 구성과 조성), 발효 시간 등을 고려해서 이를 판단해야 합리적일 것이다. 지금까지의 여러 가지 결과들을 종합적으로 검토해 보면, 자연발효의 적당한 온도는 5~15℃ 범위일 것으로 판단된다. 물론 이 범위의 온도에서 소금 농도에 따라 발효 시간을 달리해야 한다. 일정 조건하에서 발효 온도와 발효 시간은 서로 반비례한다.

위의 적당한 온도 범위를 좁혀 다시 제안한다면 5~7℃ 내외의 영역과 15℃

내외의 영역, 두 가지 온도대를 선택할 수 있다. 5~7℃ 내외의 영역에서는 발효가 서서히 진행되어 숙성이 완만하게 이루어진다. 따라서 천천히 두고 먹을 수 있고 김치 맛도 좋은 장점이 있다. 한편 15℃ 내외의 영역에서는 유산균의 바람직한 발효가 진행되고 발효 속도가 약간 빠르므로 5℃ 내외의 영역에서보다 숙성이 빨리 이루어진다. 또한 김치 맛도 좋은 편이다. 그리고 소금 농도에 따라 다소 다르겠지만 이 두 영역의 온도에서 발효되면 -1~-4℃ 범위의 온도에 저장하면서 장기간 섭취하는 것도 바람직하다.

발효 시간

김치 담글 때의 소금 농도나 발효 과정의 온도 등에 따라 차이가 있지만, 어떤 조건에서도 적절한 발효 시간이 필요하다. 발효 시간의 결정은 맛 등에 대한 관능검사, 산도의 측정 등의 방법으로 판단하고 있다. 발효 시간은 온도에 가장 큰 영향을 받아서 일정 온도 범위 내에서는 온도가 높으면 그 시간이 짧아지고 온도가 낮으면 그 시간이 길어진다. 예를 들면 발효 과정 중 최대로 유기산이 생성되는 최대 산도인 1.2%에 도달하는 시간은 30℃ 내외의 고온에서는 약 1일, 20℃ 내외에서는 10일, 10℃에서는 25일, 5℃에서는 90여 일이다.

이와 같이 발효 시간의 경과에 따라 다양한 유산균의 생육과 함께 유기산의 생성과 산도, 김치의 영양 성분, 관능적 특성 등이 변하게 된다. 환경 요인 중에서 특히 발효 시간이나 저장 기간은 온도와 소금 농도에 크게 영향을 받는다.

기타 물리적 환경 요인

미생물 생육에 관련되는 물리적 환경 요인으로 온도와 시간 외에 광선, 압력 등의 요인들이 있다. 대체로 김치 발효는 광선이 차단된 상태에서 진행되므로, 가시광선이나 자외선 등의 영향은 거의 받지 않는다. 압력 역시 대기압(1기압) 상태에서 주로 진행되는 김치 발효의 경우 크게 문제되지 않는다.

하지만 밀폐된 용기 내에서는 발효가 진행됨에 따라 생성된 탄산가스 등에 의해서 일정한 압력이 형성되어 상품 품질 및 포장 형태 등에서 문제가 될 수도 있다. 그러나 김치 자체의 미생물 생육이나 발효에 큰 영향을 줄 정도는 아니다.

자연환경을 이용한
김장 기술의 오묘함

초겨울 기후와 김장 시기

겨울 초입에 행하는 김장과 김장김치 발효의 우수성에 대해서 살펴보자. 가능한 관련된 내용을 과학적으로 따져 볼까 한다. 먼저 말하고 싶은 것은 김장김치야말로 우리 선조들이 창안해 낸 위대한 지혜의 산물이라는 것이다. 긴 이야기가 필요하겠는가! 이미 김장문화가 유네스코 인류무형문화재에 등재되었고 김치가 세계 5대 건강식품으로 선정된 바 있으니 말이다. 채소가 재배되지 않는 긴 겨울철을 대비한 소중한 먹거리, 김장김치야말로 위대한 문화유산이요 세계적인 건강 식품이다.

우리나라 겨울철 기후는 대륙성 시베리아 기단의 영향을 받고 있다. 이 때문에 겨울 추위가 대단하며, 장기간 계속된다. 겨울철의 기온은 1월의 최한월(最

寒月)에서 최저를 유지하다가 2월에는 다소 누그러진다. 3월에는 대륙성 고기압이 쇠퇴하고 이동성 고기압이 자주 통과하면서 기온이 점차 상승하게 된다.

김장은 채소류가 재배되지 않는 긴 겨울을 대비하는 수단으로 출발한 것으로, 늦가을에 수확한 주요 채소류를 적절히 조리 가공하여 저장하는 조리식품으로 이해할 수 있다. 김장철은 그 해의 기후에 영향을 크게 받으며 가을 채소밭에 있는 배추 · 무 · 고추 등의 재배 현황과 이들의 수확 전후 관리 상태와도 깊은 관계가 있다. 더욱이 겨울철에는 갑자기 추워지거나 서리가 오게 되므로 얼음이 어는 결빙 온도와 결빙 일시에도 영향을 받는다.

김장 시기를 결정하는 데 있어서 첫서리의 시일을 짐작하는 것도 중요하다. 첫서리는 가을에 기온이 낮은 북부 지방에서부터 시작하여 점차 남쪽 지역으로 내려온다. 보통 11월 초순과 중순에 서리를 관측할 수 있다. 따라서 겨울철 서리 자체의 문제와 함께 기온을 고려하여 채소류의 수확과 보관 관리가 적절하게 이루어져야 한다.

이와 같은 여러 가지 기후 조건과 자연환경을 고려할 때, 김장 시기는 북쪽 지역에서 시작하여 시일 경과와 함께 남쪽 지역으로 이어진다. 일반적으로 중부 지역에서는 음력으로 입동(立冬) 전후가 김장하기에 좋은 시기이다. 보통 함경도와 평안도 지역에서는 11월 초순부터 중순에 걸쳐 김장을 하지만 남쪽의 전라도나 경상도는 12월 초순에 김장을 하게 된다.

대체로 평균 외기 온도가 4℃ 내외이면 적절한 시기이고 이때 최저 기온이 영하로 떨어지지 않는 것이 바람직하다. 그러나 평균 외기 온도가 3~5℃일 때 김장하여 2~3주 후에 기온이 급강하여 추워지는 것이 좋다고 알려져 있다. 이것은 기온이 김치의 발효와 저장과 깊은 관계가 있기 때문이다.

전통 김장독의 특성

옛날 가정에서 김장 김칫독으로 사용하였던 옹기는 오지그릇의 하나이다. 질이 좋은 진흙 계열의 흙을 사용하여, 이를 두들겨 다지고 깨끼질을 하는 등 긴 시간 동안 잘 손질하여 모양을 낸 다음 높은 온도에서 구워 만든 것이다. 광명단(光明丹)을 사용하지 않고 잿물만을 유약으로 사용한다. 광명단은 이름처럼 표면이 붉고 매끈하면서 반짝이게 만들지만 유독성 납 등이 포함되어 있어서 사용하지 않는다.

옹기는 생활용기, 특히 식품을 갈무리하는 용기로 많이 사용되었다. 각종 식품의 발효 및 저장 용기로서 그 효용성이 대단히 높다. 이는 일찍이 뛰어난 발효 기술로 그 명성을 중국에까지 알렸던 고구려 시대부터 시작되었을 것이다.

흔히 사용하였던 김칫독은 모양과 크기가 다르며, 중두리 등 이름도 여러 가지이다. 대체로 김치는 큰 독이나 중두리에 담갔다. 이들 독의 바닥과 입구의 크기가 상대적으로 작은 대신 배는 불룩하다. 독의 직경과 높이를 비교하면 높이가 더 길다. 일부 질그릇은 다공질의 구조로 되어 있어서 통기성이 있으나 대부분의 김칫독은 위의 입구 외에 독의 벽으로는 공기가 거의 통과하지 않는 것을 사용한다. 이러한 김칫독의 모습은 어쩌면 평범해 보인다. 그러나 김치 발효와 저장 측면에서 보면 다음과 같은 여러 가지 장점이 있다.

우선 배가 불룩하고 입구가 좁은 것은 효과적인 발효를 위한 공간과 기능을 제공한다. 특히 이러한 구조는 발효에서 생성된 탄산가스를 넓은 김치 공간에 충분히 녹여 포화되도록 한다. 그리고 넘쳐나는 탄산가스를 김치 속의 산소와 함께 위쪽 입구로 방출한다. 이는 김치 생태계를 혐기성 조건으로 유지시켜 김치유산발효가 효과적으로 진행될 수 있게 한다. 김칫독은 완벽하게 광선을 차단시켜 빛에 의한 성분 변화나 냄새 등이 발생하지 않도록 한다. 또한 옹기벽은 잡냄새를 흡수할 뿐만 아니라 국물이 새거나 불필요한 공기와 악취 성분의 내부 침투를 방지한다.

김장김치의 자연 발효와 저장

전통적인 가정에서 해마다 겨울철이면 행하던 김장 행사를 생각해 보자.

겨울 초입이 되면 우리 선조들은 미리 오가리란 가가(假家)를 짓고 그 안쪽에 흙을 파고 김칫독을 묻어 둔다. 그리고 재료도 미리 준비한다. 김장 하는 날은 가족들은 물론, 이웃 사람들까지 함께하며 부엌이나 마루 또는 마당에서 하루 또는 이틀간 김치를 담근다. 비로소 절인 배추에 양념을 넣은 것들을 오가리 안의 김칫독에 차곡차곡 눌러가며 넣는다. 독 위에 작은 공간이 남도록 채우고 마지막으로 맨 위에 절인 배추 겉잎으로 덮은 후 그림 10-1에서처럼 깨끗이 씻은 큰 돌로 눌러둔다. 그 다음에 뚜껑을 덮고 그 위에 가마니나 볏짚으로 덮어둔다.

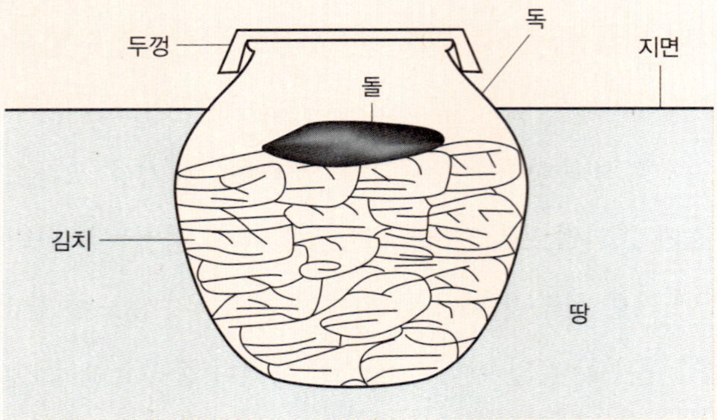

그림 10-1 | 전통적인 김장김치의 발효와 저장

김장하는 겨울 초입의 외기 온도는 대체로 5℃ 내외이며 땅속의 온도는 5~7℃이다. 담금 김치의 온도는 외기의 온도와 비슷한 온도에서 땅속에 묻어 보관하면서 발효시키고 저장한다. 만일 부엌이나 마루에서 담그면 김치의 온도가 15~18℃ 범위이지만 차츰 땅속 온도의 영향을 받는다. 담금 2~3주 후에 기온이 급격히 하강하면 땅속의 김치 온도가 서서히 내려가서 1~4℃에 이르며, 이 범위의 온도에서 김치가 저장된다. 그 후 2, 3개월이 지나 봄철이 되면 다시 기온이 올라가면서 김치의 온도가 거의 14℃ 내외까지 오른다.

그러므로 전통적인 김장김치의 발효 · 저장 체계는 전체적으로 저온 발효-저온 저장 체계라고 할 수 있다. 서서히 발효시키고 그 범위의 온도에서 저장하는 것이다. 이러한 발효 조건에서는 거의 30일이면 맛이 좋은 발효 상태가 되고 이 범위의 온도에서 계속 유지하면서 수 개월간 맛있게 먹을 수 있다. 저온 발효–저온 저장 체계에 대해서는 뒤에서 다시 자세히 살펴볼 것이다. 김장김치의 맛이 좋다는 것은 이런 저온 발효와 저온 저장 체계에서 만들어진 일품 김치이기 때문이다.

전통적으로 부엌에서 김장할 때와 같이 김치를 독에 담고 초기 온도 18℃에서 점차적으로 4℃까지 하강하는 조건에서 48일간 발효시켰을 경우, 발효 기간 경과에 따라 산도는 발효 15일에 0.2% 내외, 25일에 0.3~0.4%, 40일에 0.6% 내외로 상승한다. 초기에 중 · 저온에서 발효시켰기 때문에 알맞게 발효되는 시간이 5℃ 내외의 발효 경우보다 빠름을 알 수 있다. 그러나 땅속의 온도에 따라 4℃ 부근까지 내려가 저온 저장 상태를 유지하기 때문에 몇 개월간 유지하면서 먹게 된다.

이와 같은 겨울 김장김치의 발효 과정은 우리나라 겨울철 기후, 특히 온도를 적절히 잘 이용한 가장 이상적인 '자연발효 조절기술'의 하나이다. 또한 혹한기에 김칫독을 땅에 묻어 그 내부에 있는 김치가 얼지 않도록 하면서도 저온저장 조건을 유지한 것은 자연에 순응하는 최적의 '저장기술'이라고 할 수 있다.

또한 김장김치는 알맞게 발효가 진행되고 있기 때문에 맛과 조직감이 좋으며 상쾌한 느낌도 갖는 장점이 있다. 상쾌한 느낌은 국물에 녹아 있는 탄산가스에 의한 것이다. 발효 결과 생성된 탄산가스는 저온일수록 물에 대한 용해도가 더 높기 때문이다. 그리고 저온의 온도에서 저장하기 때문에 보존 효과도 좋아서 상대적으로 오래 좋은 품질을 유지할 수 있다.

다시 한 번 우리 선조들의 놀라운 지혜에 감탄을 금할 수 없다.

온도 전환으로
발효와 저장을 조절한다

전통적으로 김장김치는 김칫독을 땅에 묻어 두면서 발효시키고 또 저장하였으나, 오늘날에는 일부 농촌 지역을 제외하고는 이런 방법을 쓰기에는 한계가 있다. 최근에는 산업화와 도시화 현상에 따른 주거생활의 변화와 함께 식생활 역시 크게 변하였다. 이에 따라 가정에서나 식당 등의 업소에서는 새로운 방식의 김치 발효 및 저장 체계가 필요하게 되었다. 특히 일반냉장고와 김치냉장고가 대량 보급되면서 그 필요성이 더욱 증대되었다.

대체로 일반냉장고를 이용하는 가정이나 업소에서는 두 가지 방법으로 발효(숙성)시키고 저장하고 있다. 첫 번째 방법은 김치를 특정 용기에 담근 후 뚜껑을 닫은 다음, 이를 바로 냉장고에 넣어 발효시키고 저장하면서 먹는 방법이다. 이때 냉장고의 종류에 따라 온도가 다르나 일반적으로 1~7℃를 유지하므로 서서히 발효가 진행되며 계속 저장하면서 먹는다. 두 번째 방법은 실내의 온도에서 1~2일간 발효시킨 후 일반냉장고에 넣어두고 먹는 방법이다. 이 경우는 실내온도(17~20℃)에서 1차 발효시키고 냉장온도(1~7 ℃)에 저장하면서 먹는 셈이 된다. 요즘 크게 인기를 얻고 있는 김치냉장고는 처음부터 이러한 온도 변환 체계에 의한 발효와 저장 온도가 설계되어 있다.

그림 10-2는 발효 온도와 시간-저장 온도의 조합에 의한 김치의 효과적인 숙성과 저장에 관하여 정리해 놓은 것이다. 일반적으로 세 가지 체계에 의거하여 이루어지고 있다. 그 내용을 보면 ① 고온(단시간) 발효-저온 저장, ② 중 · 저온(일정시간) 발효-저온 저장, ③ 저온(장시간) 발효-저온 저장이다.

여기에서 단시간 · 일정시간 · 장시간 등의 표현은 정확한 시간 개념이 아니고 상대적인 비교 시간을 뜻한다. 고온 · 중온 · 저온 등의 온도 표현 역시 상대적인 비교를 위한 온도 범위이다. 예를 들면 발효 온도의 경우 고온이면 실온의 범위로 15~21℃일 수 있으며, 중 · 저온은 6~15℃, 저온은 3~6℃ 범위일 수

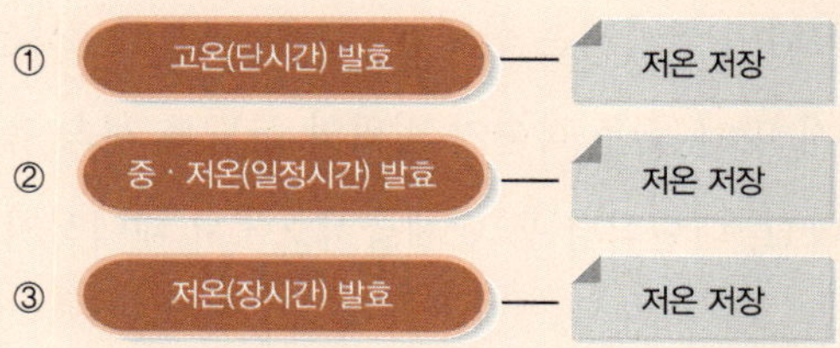

그림 10-2 | 김치 발효(온도-시간) 조합 및 저장(온도) 기술의 체계

주 1) 온도의 고온, 중 · 저온, 저온 등은 본문의 내용 참조
2) 시간의 단시간, 일정시간, 장시간 등도 본문의 해당 내용 참조

있다. 그리고 저온 저장의 온도는 -1 ~ -4℃의 범위일 수 있다. 그러나 김치의 종류와 기능, 목적에 따라 다른 온도 범위도 있을 것이다. 이와 같은 체계는 기본적인 형식이며 실제로는 여러 가지 변형과 변용이 가능하다.

고온(단시간) 발효와 저온 저장

김치를 담근 후 고온(예: 15~20℃ 내외)에서 일정 수준의 발효를 진행시켜 일부 숙성시킨 다음 저온 저장하는 것으로, 흔히 공장의 단체급식용 포장제품이나 가정용 김치에 적용하고 있는 방법이다.

그림 10-3은 배추김치의 발효와 저장에 있어서 온도-시간 조합에 따른 산도의 변화에 대한 하나의 사례이다. 발효 및 저장 온도, 발효 및 저장 시간에 따라 산도에서 확실한 차이를 알 수 있다. 초기 온도 21℃에서 24시간 발효시키고 그 후 -1℃로 전환시킨 김치에서는 산도가 0.2% 내외에서 0.4%에 도달하는 데 2~3일 소요된다. 그리고 지속적으로 서서히 증가하여 0.7%에서 8~9일, 그 후 30일까지 0.8%에 머물면서 미미하게 증가한다. 따라서 김치가 숙성되어 향미와 조직감이 좋아지는 산도 0.5%에 도달하는 시간이 2~3일 정도이며 저장 30일까지 맛이 좋은 적숙기 범위의 산도를 계속 유지하고 있다. 따라서 가정용이나 학교, 대형식당 등 단체급식소에서 채택하기 좋은 온도-시간 조합이다.

그러나 온도 21℃ 발효-저장 김치는 3일 이후 이미 산도가 0.8% 이상으로 상승하고 있음을 알 수 있으며 그 이후에 거의 먹을 수 없는 산패기에 진입한다. 고온(단시간) 발효-저온 저장의 또 다른 예로, 20℃ 내외에서 약 48시간 발

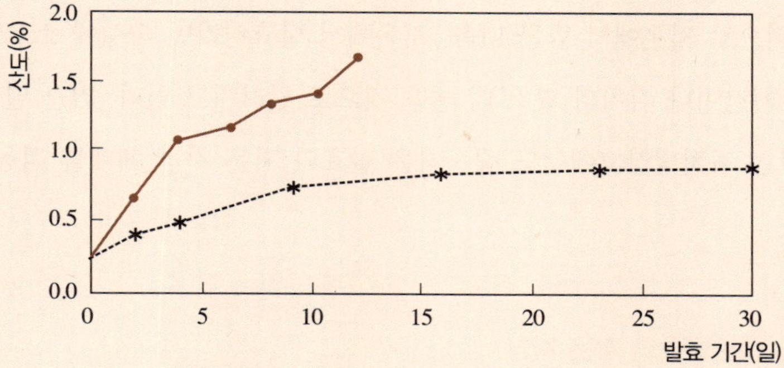

그림 10-3 | 배추김치 발효-저장 중 산도의 변화

주 1) 그림 중 •-•는 20℃에서 계속 발효 · 저장
그리고 *···*는 23℃에서 24시간 발효 후 -1℃에서 저장
2) 부산대학교 김치연구소 자료 인용

효 후 0 ~ -3℃로 낮추는 온도관리법이 있다. 최근에 보급되고 있는 김치냉장고 일부에 고온 단시간 발효 후 저온에서 장기간 저장시키는 모드가 포함되어 있다.

중 · 저온(일정시간) 발효와 저온 저장

냉장시설 또는 가정용 일반냉장고의 온도 체계에서의 발효 · 저장 방법 중의 하나이다. 김치공장에서 대량 포장하거나 소포장한 김치 제품을 10℃ 내외의 온도에서 일정시간 발효 후 +2 ~ -3℃에서 저장 · 유통시키는 경우이다. 가정에서 담근 김치를 담금 즉시 냉장고(4~10℃ 범위)에서 발효 · 저장하는 경우도 이에 해당된다. 중 · 저온에서 발효 후 더 낮은 온도(예: -1 ~ -3℃)에서 저장하는 경우도 있다.

일반적으로 저온에서 담근 다음, 저온에서 발효시키면 숙성에 소요되는 기간은 장기간이나 김치의 맛이 더 좋은 것으로 알려지고 있다. 최근 널리 공급되고 있는 김치냉장고에서도 중 · 저온 발효와 저온 저장 체계를 적용하기도 한다.

저온(장시간) 발효와 저온 저장

저온에서는 김치를 발효시키고 긴 시간 동안 저장이 가능하도록 조절된 체계가 저온 발효-저온 저장 체계이다. 다만 높은 온도에서 발효시키는 것과는 달리, 저온에서는 발효 시간이 길어진다. 또한 저온 저장에서도 김치(염도 2% 내외)가 얼지 않도록 -3℃ 이하로 내려가지 않게 설계되어 있어야 한다. 일반적으로 김치공장에서 담근 소포장 상품 또는 수출용 상품을 저온(+5~-3℃)에서 발효 · 저장 · 유통시키고 있다. 이는 가정용 김치냉장고의 장기 저장 모드에 해당한다.

김치냉장고에서의 김치 발효와 저장

가정에서 널리 이용되고 있는 일반냉장고는 주로 냉장실과 냉동실로 구분하여 다목적 신선식품 저장고로서의 기능을 지니고 있다. 그러나 최근 인기를 얻고 있는 김치냉장고는 주로 김치의 발효(숙성) · 저장을 목표로 설계되어 있다. 따라서 김치의 발효(숙성) 조정 기능과 장기간 김치 저장 기능, 즉 김치 발효(숙성) · 저장 전용 기능을 갖추고 있다.

김치냉장고에는 발효(숙성)를 계획적으로 진행시키기 위하여 발효·숙성부의 온도와 시간을 자동 조절할 수 있는 시스템이 내부에 장착되어 있다. 이 장치에 의하여 일정 수준으로 김치가 발효(숙성)되면 자동적으로 저장 온도로 전환시킨 다음, 지속적으로 저온 상태를 유지하도록 하여 김치의 품질수명을 극대화시키게 된다. 또한 김치냉장고에는 발효(숙성) 정도를 감지할 수 있는 센서를 설치하여 과도하게 숙성하지 않도록 발효(숙성)를 제어하는 기술도 포함되어 있다.

일반적으로 김치냉장고에서도 앞의 그림 10-2에서와 같이 최적의 김치 발효 온도-시간 조합과 저장 온도 기술 체계가 기본 형식으로 설정되어 있다. 즉 ① 고온(단시간) 발효-저온 저장, ② 중·저온(일정시간) 발효-저온 저장, ③ 저온(장시간) 발효-저온 저장 체계이다. ①의 체계는 빨리 숙성시켜 장시간 먹도록 고안한 것이고, ②의 체계는 그 중간, ③의 체계는 천천히 발효시키면서 장기간 먹도록 고안되어 있다. 김치냉장고는 이러한 체계가 가장 합리적으로 설계되어 있으므로 사용자가 간편하고 효과적으로 이용할 수 있다. 물론 소비자는 김치의 종류, 계절, 숙성도 등을 고려하여 최적의 모드를 지침서에 따라 스스로 설정해야 한다.

·11·

김치는 다른 나라 채소 절임식품보다 무엇이 특별한가

"전통김치에는 다른 나라의 절임식품과는 다른 우월성이 있다. 그것은 다양한 재료(특히 양념)의 조화와 균형, 김장김치의 저온 발효 특수성, 김치찌개 등의 중간 재료로의 이용, 의식동원과 음양오행사상 등의 한국적인 사상과 철학이 담긴 건강 기능성이다."

– 이 책의 11장 본문에서

세계의 다양한
채소 절임식품들

이제 채소 절임식품에 대한 우리의 시선을 한반도에서 세계 무대로 넓혀 보자. 세계 여러 지역에서 이용하였던 채소의 소금 절임은 천일(天日)건조와 함께 가장 오래된 식품 저장 방법의 하나이며 자연 친화적인 기술이었다. 소금이 음식의 맛을 내게 할 뿐만 아니라 저장성을 높여 준다는 사실을 신석기 시대 사람들도 짐작하고 있었을 것이다. 비록 소금이 갖는 발효 조절과 항균, 탈수 작용 등의 원리를 알지 못하였지만, 식품의 저장에 있어서 소금이 유익한 작용을 하고 있음을 신석기 시대 후기 사람들은 알고 있었다. 소금을 이용한 채소 절임은 세계 어느 특정 지역에만 있었던 것은 아니다. 각 지역의 자연환경과 문화적 배경에 따라 다양하게 생겨나고 발전해 온 것이다.

구체적으로 각 지역의 주요 채소 절임식품에 대하여 살펴보자.

채소를 소금 또는 식초에 절인 것에는 중국의 파오차이[泡菜], 일본의 즈게모노〔漬物〕, 유럽의 피클(pickle)과 사우어크라우트, 인도네시아 등 동남아시아의 아차르(acar) 등이 있다. 이 밖에도 종류와 특성이 다른 각양각색의 절임식품들이 있는데, 그 가운데 세계적으로 잘 알려진 것들 몇 가지만 여기서 간단히 소개하기로 한다.

사우어크라우트는 독일의 대표적인 채소 절임식품이다. 독일 외에도 유럽 및 북아메리카 지역에서도 널리 애용되고 있다. 재료는 양배추와 소금이다. 잘게 썬 양배추에 2.0% 내외의 소금을 넣어 잘 섞어 통에 넣은 다음 공기를 차단한 상태로 발효를 시킨다. 온도에 따라 다르지만 실온(25℃ 내외)에서 일주일 발효시키면 먹을 수 있다. 유산균에 의한 유기산 발효를 충분히 시키기 때문에 신맛이 김치보다 강하다.

오이피클은 유럽 및 북아메리카 여러 지역에서 널리 이용하고 있는 절임식품이다. 소금물(소금 농도 10~16%)에 오이를 넣어 4~6주간 담금한다. 이 과정에서도 유산발효가 일어나 유산 등 유기산이 생성되며, 오이는 황록색으로 변하면서 독특한 조직감을 갖는다. 이와 같이 소금에 절인 오이를 37~40℃의 따뜻한 물에 10시간 이상 담가 소금 일부를 제거하고, 이어 맛을 조정하여 신맛의 피클(sour pickles), 단맛의 피클(sweet pickles), 약초와 향신료의 딜피클(dill pickles) 등을 만든다.

올리브피클 역시 유럽과 북아메리카 지역에서 널리 이용하고 있는 절임식품이다. 초록색의 덜 익은 올리브를 잘 씻은 후, 6~8%의 소금물 속에 담가 실온에서 일주일 정도 발효를 시킨다. 그리고 열매 속의 씨를 제거한 다음, 여기에 다른 재료를 채우고 다시 소금물에서 2차 발효를 시킨 후 먹는다. 장기간 저장을 위해서는 작은 용기에 넣어 가열 살균하기도 한다. 신맛, 짠맛, 쓴맛이 어우러져 있는 것이 특징이다.

일본의 즈게모노는 소금 절임 외에 다구앙즈게 · 초절임 · 장절임 · 아사즈게 등이 있다. 잘 알려진 것은 매실절임 · 나라즈게 · 다구앙즈게 등이다. 우리나라의 단무지와 비슷한 다구앙은 주원료로 소금 · 무 · 쌀겨가 사용되고 여기에 감미료와 식용색소가 추가적으로 이용된다. 먼저 무를 짚 등으로 엮어 7일 이상 부분 건조시킨 후 이를 소금과 쌀겨, 일정량의 감미료와 색소를 배합하여 담는다. 이어 뚜껑을 덮고 돌로 눌러 숙성시킨다. 노란색깔 · 짠맛 · 단맛 등이 특징이다.

중국의 파오차이는 무 · 당근 · 오이 등의 재료를 사용한다. 무 등을 잘게 썰어 미리 준비한 소금물(10~15%)에 절이되, 산초 · 조미료 등을 넣은 다음 무거운 돌로 눌러서 2~3일간 절여 만든다. 스촨파오차이(四川泡菜)는 배추를 소금과 식초에 절여서 만든 것으로 우리나라의 백김치와 비슷하다. 옌후앙쿠아차이(醃黃瓜菜)는 오이로 만든 소금 절임식품으로 우리나라의 장아찌에 해당되며 옌차이(yentsai ; 醃菜, 엄채)라고 한다.

지금까지 설명한 여러 나라의 채소 절임식품을 간단히 정리하면 표 11-1과 같다. 이 표에는 중국의 저 · 포채, 한국의 김치, 일본의 즈게모노, 동남아시아의 아차르, 유럽의 오이피클과 사우어크라우트가 소개되고 있다.

이들은 다 같이 신맛과 약간 짠맛을 지니면서 뒷맛을 개운하게 해주는 특징이 있다. 따라서 밥과 빵은 물론, 고기요리와도 잘 어울린다. 그리고 이들은 소금을 소재로 하여 절인다는 공통점이 있으면서 다른 독특한 모습과 맛을 지니

표 11-1 | 세계 주요 채소 절임식품

구분	중국	한국	일본	동남아시아	유럽
명칭	저, 포채	김치	즈게모노	아차르	피클, 사우어크라우트
주요 재료	무, 오이, 배추	무, 배추 외 각종 채소	무, 오이, 배추 등	오이	오이, 양배추
담금 재료	식초, 소금	소금과 양념 기타	소금 또는 장	식초, 소금	식초, 소금

고 있다. 이제 세계 채소 절임식품 중에서도 우리나라와 가까운 중국과 일본의 절임식품에 대하여 좀 더 자세히 살펴보자.

중국과 일본의
채소 절임식품

중국의 채소 절임식품

중국과 우리나라는 역사적으로 여러 가지 형태의 교류가 많이 있었다. 문화적 측면에서 중국은 우리나라와 가장 밀접한 관계를 유지하였던 나라이다. 식생활문화 역시 예외는 아니다.

고대 중국에는 여러 가지 채소 절임식품이 있었다. 중국에는 그들의 고대사를 살펴볼 수 있는 적잖은 문헌과 유물들이 남아 있다. 따라서 농경과 채소 재배의 기록, 토기 등의 용도, 소금의 이용에 관한 문헌과 유물 등으로 채소 절임문화 상황을 추정할 수 있다.

중국 최초의 문헌기록은 아주 오래전의 『시경』에서였다. 이 문헌은 지금부터 2600년~3000년 전에 여러 사람들이 쓴 시를 묶은 시집이다. 여기에 다음의 글귀가 나온다. 이성우 교수의 저서『한국식품문화사』에서 인용한 것이다.

"中田有廬 疆場有瓜 是剝是菹 獻之皇祖 曾孫壽考 受天之祜"

("밭 속에 작은 원두막이 있고 밭두둑에 오이가 열려 있다. 이 오이로서 정성 들여 저(菹)를 담가 조상에 바치게 되면 수(壽)를 누리고 하늘의 복을 받는다.")

이 문장에 나오는 '菹(저)'라는 글자는 침채(沈菜)를 뜻하고 있으나 그 내용이 명확하지 않다. 다만 재료가 오이임에는 틀림이 없으며 이를 조상께 바쳐 장수를 기원하였던 음식이다. '菹'에 대한 글자는 그 후 진나라 재상인 여불위(呂不韋)가 편찬한『여씨춘추(呂氏春秋)』라는 문헌에 다시 나온다. 그 내용은 주(周)의 문왕(文王)이 저(菹)를 즐겨 먹었으며 공자(孔子)도 콧등을 찌푸려가면서 이것을 먹어서 3년 후에야 비로소 이 맛을 제대로 알 수 있게 되었다는 것이다.

이와 같은 내용으로 보아 '저(菹)'는 신맛이 나는 채소식품이고 식초에 절였거나 시어지도록 발효를 오래도록 한 것이라고 짐작할 수 있다. 또한 이것과 비슷한 의미의 용어인 '제(齏)'가 있었다.

중국의 채소 절임식품에 대한 구체적인 내용이 기록된 가장 오래된 고서로는 후위(439~535년) 말엽에 가사협(賈思勰)이 지은『제민요술(齊民要術)』이라는 농서이다.

그 책의 88편 '작저장생채법(作菹藏生菜法)'에 채소 절임에 대하여 자세히 소개되어 있다. 여기에서의 주된 방법은 소금과 발효제(곡물 · 술지게미 · 술 · 메주 등)를 이용한 채소발효절임법, 식초와 산미료에 의한 초절임법이다. 이 방법들은 채소류를 먼저 소금에 절인 후 조미료와 젓갈, 기타 여러 가지 재료를 조합하여 발효시키는 것으로 장아찌와 츠게의 원류에 해당한다고 하겠다.

중국의 중세기에 해당되는 송 · 원 시대에는 소금 절임 · 술지게미절임 · 초절임 · 향신료절임 등 우리나라의 장아찌와 유사한 채소 절임식품이 많았다. 원(1237~1367) 나라 시대 초기의 가정대백과사전이라고 할 수 있는 『거가필용사류전집(居家必用事類全集)』(지은이 모름)에는 35개의 채소 절임이 소개되어 있다. 이 책에서는 '저(菹)'라는 용어를 사용하지 않고 '제(齏)'자를 사용하여 채소 절임을 소개하고 있으며 '제'가 곧 채소 절임식품의 하나임을 알 수 있다. 또한 1700년대 초엽 청나라 시대의 고중편(顧仲偏)이 편찬한 『양소록(養小錄)』에는 채소 절임 종류별에 따라 담금 방법을 소개하면서 이들을 엄채(醃菜)라고 불렀다. 이는 채소를 소금에 절이거나 여기에 약간의 향신료를 첨가하는 것이라고 하였다.

따라서 중국에서는 '저(菹)'로 표현되는 다양한 절임법이 '제'라는 이름으로, 다시 '엄'이라는 이름으로 전환되었고 근대에 와서 모두 '엄채'라고 불리게 되면서 채소음식 중에서도 비교적 작은 영역에 머물고 있다. 중국 현대의 엄채는 장채 · 함채 · 당초채 · 반건성채 · 유산발효채 등 다섯 가지로 분류하고 있다. 앞의 네 가지는 우리나라의 장아찌와 비슷하고 마지막 것은 뒤에 나오는 파오차이와 유사하다.

오늘날의 '엄채는 대체로 소금에 절여 조미한 절임채소를 말하고 있으며 냉채의 일종으로 식탁에 오르게 된다. 널리 알려진 것으로는 옌위채화[醃油菜花], 옌황과채[醃黃瓜菜], 옌뤄프깐[醃盧葡乾] 등이 있다. 그리고 이들과는 다른 특성을 지닌 파오차이[泡菜] 등이 있다.

파오차이는 무 · 양배추 등을 손가락 크기로 가늘게 절단하여 항아리에 넣은 다음, 소금물을 붓고 산초 등을 가한 후 2~3일간 절인 것이다. 스챤파오차이는 배추를 소금과 식초에 절인 것으로, 우리나라의 백김치와 유사하다.

이와 같은 중국의 전통적인 채소 절임식품은 우리나라와 일본의 장아찌나 즈게류와 비슷하며 상대적으로 소금을 더 많이 사용하는 경향이 있다. 그러나 파오차이의 경우는 우리의 물김치와 유사하며 소금도 적게 쓴다. 또한 우리나라의 김치보다 재료 측면에서 향신료나 젓갈 등의 부재료 사용량이 아주 적다. 일본의 절임에서는 쌀겨를 사용하고 있으나 중국의 절임에는 이를 사용하지 않는 것이 일반적이다. 대체로 신맛이 강하며 씹는 맛, 즉 조직감은 김치나 즈게보다 상대적으로 중요하게 생각하지 않는다.

일본의 채소 절임식품

일본은 중국과 한반도 문화의 영향을 적지 않게 받았던 나라이다. 고대 일본의 경우, 나라 시대(710~794년)와 헤이안 시대 초기(9~10세기)의 유물이나 문헌들이 잘 보관되어 있다. 따라서 그 당시의 식생활문화와 채소 절임식품을 자세하게 살펴볼 수 있다. 하지만 이런 기록이 보여 주는 내용보다는 훨씬 그 이전부터 절임식품을 먹었을 것이다.

일본의 나라[奈良]에 있는 동대사(752년 건립)의 정창원에 보관되어 있는 『잡물

납장』 중에 염지류 한 종류가 기록되어 있다. 그리고 각종 문서들을 묶은 『정창원문서』와 율령을 정리한 『연희식』(905년) 등에는 채소 절임식품에 대한 내용이 상세하게 기록되어 있다. 이 기록들에 의하면 채소 절임의 주요 재료는 오이 · 가지 · 파 · 순무 · 미나리 · 생강 · 동아 · 고사리 등이고, 담그는 방법은 소금 절임 · 술지게미절임 · 장절임 · 초절임 등이었다. 이런 일본의 고문서에서는 절임을 '漬'(지, 즈게) 또는 '漬物'(지물, 즈게모노)로 표시하고 있다. 우리나라 고려 시대 이규보의 시에서도 '지(漬)'라는 글자가 있다.

이들 기록 중 흥미 있는 것은 독특한 이름의 수수보리지(須須保利漬)이다. 백제 사람 수수보리는 일본에 술 만드는 방법을 처음 전한 것으로 알려져 있다. 수수보리가 우리의 김치무리 하나를 일본에 전하였으며, 이 때문에 그 절임의 이름도 수수보리지라고 붙였던 것이다. 여러 학지들은 백제 사람들이 먹었던 김치무리의 일부는 중국 『제민요술』의 그것과 일본의 즈게와 같은 종류일 것으로 추측하고 있다. 오늘날 일본의 대표적인 채소 절임식품인 다구앙즈게(澤庵漬)는 수수보리지의 곡물가루(콩 또는 쌀가루) 대신에 쌀겨를 이용한 것이다. 그러므로 수수보리지와 菹(저)가 다구앙즈게의 원조일 것이라는 견해도 있다.

근세의 일본 채소 절임식품으로는 나라즈게(奈良漬) · 아사즈게(淺漬) 등이 있다. 특히 에도 시대(1603~1867년)에는 아사즈게, 다구앙즈게 등이 애용되었다고 한다. 일본의 3대 절임류인 나라즈게는 무로마찌 시대(1336~1573년)에, 다구앙즈게는 에도 시대(1603~1867년)에, 후꾸신즈게는 현대에 들어와서 완성되었다고 알려지고 있다.

오늘날 일본의 주요 채소 절임식품에는 10여 종류가 있다. 그 중 중요한 것을 보면 쌀겨절임류(다구앙즈게 등), 술지게미절임류(채소나라즈게 등), 간장절임류(후쿠신즈게 등), 고지(koji)절임류(아사즈게 등), 소금 절임류 등이 있다. 이들은 미생물의 발효 작용이 관련된 절임 방법이다. 이외에도 초절임, 간장절임, 단순(단기) 소금 절임도 있으며 이 절임들은 거의 미생물 발효 작용을 이용하지 않는 방법이다.

일본에서 가장 많이 이용되고 있는 절임은 다구앙즈게로, 혼즈게다구앙, 하야즈게다구앙 등이 있으며 일본 에도 시대 이후 크게 발달하였다. 생무 또는 말린 무를 소금물에 절인 후 조미료 · 향신료 · 색소 등을 첨가한 쌀겨 또는 밀기울에 다시 절인 것이다. 우리나라에도 단무지란 이름으로 이용되고 있다.

나라즈게는 주박절임류의 대표적인 것으로 소금물에 부분적으로 절인 채소를 청주박(청주 술지게미)에 다시 절인 것이다. 백과 · 오이 · 무 · 산채 등의 재료를 이용하여 만든다. 아사즈게는 담백한 맛과 향을 지닌 것으로 무를 부분 건조하여 소금고지(소금과 고지의 혼합물)에 절인 것이다. 한편 후쿠신즈게는 무 · 가지 · 연근 · 오이 · 죽순 등을 주재료로 사용한다. 무 · 오이 등에 소금을 뿌려 절인 후 얇게 썰어서 물에 담가 소금 일부를 제거하고 다시 보자기에 이들을 싸서 압착한다. 압착한 무 · 오이 등의 중간 재료들을 간장조미액(식초 · 설탕 · 기타를 넣은 것)에 넣어 절이고 맛이 들면 먹는다.

이러한 여러 가지 종류의 일본 채소 절임류는 우리나라 김치무리 속의 장아찌와 비슷하다. 오늘날의 우리 김치와는 기본적으로 다른 특성의 채소 절임식품이라고 할 수 있다.

김치는 다른 나라 절임식품과 어떻게 다른가

채소 소금 절임 과정 중 소금은 발효 조절과 부패 방지, 조미 등의 역할을 한다. 소금에 의한 채소 절임식품은 세계 여러 지역에서 다양하게 발전되었으며 재료의 대상도 수없이 많다. 이미 앞에서 세계 여러 나라의 채소 절임식품을 두루 살펴보았다. 이제 김치가 다른 나라의 것들과 무엇이 어떻게 다른지 짐작할 수 있을 것이다.

이에 대하여 여기서 다시 정리하면 표 11-2와 같다. 즉 김치에는 다른 나라의 절임식품과는 다른 우월성이 있다. 이들을 좀 더 자세히 살펴보자.

우리 김치는 다양한 재료의 조화와 균형이 특이하다

앞에서 이야기하였지만, 모든 종류의 김치는 한두 가지의 재료가 아닌 수십 가지의 재료가 함께 어울려 만들어 낸 하나의 작품이다. 재료를 분류하면 주

표 11-2 | 김치가 다른 나라의 절임류와 다른 우월성

- 다양한 재료(특히 양념)의 조화와 균형
- 김장김치의 저온 발효 특수성
- 각종 조리(김치찌개, 김치라면 등)의 중간 재료로 활용
- 한국적인 사상과 철학(의식동원, 사친효양, 음양오행사상)이 담긴 건강 기능성

재료 · 향신료(특히, 고추와 마늘 등) · 조미료 · 기타 부재료 등 네 가지이며, 각 부분에서도 여러 가지 세부 재료들이 있다. 여기에서 다른 나라의 것들과 특별히 다른 것은 향신료와 조미료와 기타 재료를 조합한 양념의 사용이다. 주재료와 양념의 선택과 이용은 김치의 맛과 특성을 좌우하는 가장 중요한 요소라고 할 수 있다. 한편 김치 담금에는 식물성 재료뿐만 아니라 여러 가지 동물성 재료들도 많이 사용된다. 젓갈류 · 어패류 · 육류들이 그것이다. 특히 젓갈의 사용이 이채롭다. 채소류의 식물성의 다양한 재료와 각종 동물성 재료들이 함께하여 맛과 영양에서 조화를 이루고 있다.

김장김치 발효는 특별하다

발효라는 입장에서 보면 김치는 전형적인 발효 식품이다. 물론 유용하게 작용하는 미생물들도 하나둘이 아니다. 좀 더 정확히 정의를 내려 보면 김치는 각종 주재료를 소금 절임하여 양념 등 부재료를 첨가한 후 유산균으로 발효시킨 유산발효식품이다. 담금 후 발효가 진행되면 주로 내염성, 즉 소금에 잘 견

디는 성질의 미생물들이 작용을 하고, 특히 유산균이 크게 관여한다.

채소의 유산발효식품은 다른 나라의 것들에도 많이 있다. 우리의 대표적인 배추김치 발효 과정을 한 번 보자. 김치는 특별히 다른 나라의 것과 달리 저온 장기간 발효 방법으로 만들어진다. 선조들은 김장김치를 땅속에 묻어 긴 겨울 내내 얼지 않게 발효시키면서 먹었다. 바로 저온 장기간 발효 방법을 택하였던 것이다. 이 방법에 의하면 발효 작용이 서서히 일어나면서 숙성된다. 그리고 발효 과정 중 각종 맛 성분이 형성되고 조직감이 만들어지며 시원한 맛을 낸다. 오늘날 대규모의 공장 생산에서 김치를 대량 생산할 때 이 방법을 적지 않게 응용하고 있다. 그리고 김치냉장고에서의 김치 숙성이나 저장 역시 직접 또는 간접으로 이 방법이 상당 부분 이용되고 있다.

김치 자체가 다양한 요리의 중간 재료가 된다

적절히 발효된 김치를 찌개〔김치찌개〕로, 라면을 끓일 때〔김치라면〕, 만두 속으로〔김치만두〕 이용하여 오늘날 많은 사람들이 즐겨 먹고 있다. 그리고 묵은지를 이용한 감자탕이나 김치전 등도 인기가 있다. 이때의 김치는 일품요리의 가장 소중한 주재료 또는 중간 재료가 된다.

한국적인 철학이 담긴 풍요한 건강 기능성

김치에는 전통적인 의식동원과 사친효양, 음양오행 사상이 담겨 있다. 원래 의술과 음식은 근원이 같다는 의식동원, 어버이에게 효도하고 가족의 건강을 지키는 사친효양, 음식문화에 녹아 있는 음양오행사상 등이 김치 담금의 기반에 깔려 있는 것이다. 즉 소중한 건강 기능성이 김치에 고스란히 담겨 있다. 그러므로 전통사회에서 김치를 담그는 어머니는 주재료의 선택 · 양념류 고르기 · 담금 방법 · 삭히는 과정에 대하여 정성을 다해 계획하고 실행하였다. 이러한 사고방식은 지금도 여전히 이어져 내려오고 있다.

최근 일본과 중국으로 건너간 우리 김치

최근 김치 세계화를 위한 노력과 한류의 영향으로 김치와 김치문화가 세계 여러 나라로 전파되고 있다. 특히 우리와 인접하고 있는 일본과 중국이 이를 먼저 받아들이고 있다. 두 나라로 건너간 우리의 김치가 어떤 상황으로 그 나라에 정착하였지 알아보자.

김치가 일본에 유입되어 일본인의 식생활에 이용된 역사는 길지 않다. 에도 시대에는 기록이 없고, 쇼와 11년(1936년)에 원예 관련 잡지의 '즈케모노 특집'에서 배추김치와 깍두기, 나박김치의 담금법이 소개된 바 있다. 그 즈음에 '조선김치'라는 이름으로 극히 소량 판매되었는데, 일본 사회에서는 민족차별 의식으로 김치가 천대를 받았기 때문으로 생각된다. 그러나 김치는 이미 재일교포들의 밑반찬으로서 중요한 위치를 차지하고 있었다. 일제가 패망하고 우리 민족이 해방을 맞이한 이후 제일교포들은 독립된 외국인으로서 우리 식생활을 영위하게 되었다. 그리고 한국음식점이 개점되었으며, 이를 통해 김치가 주요 도시의 한국식당에서 정식 메뉴로 선보이게 되었다.

일본인을 대상으로 김치가 상품화된 것은 1970년대였다. 주요 도시의 슈퍼마켓에서 김치를 구입할 수 있게 되었고, 1980년대 특히 1988년 서울올림픽 이후 일본 내의 김치 소비가 더욱 확대되었다.

오늘날에 김치는 일본 어느 곳에서나 먹을 수 있는 음식이 되었다. 오히려 건강식품 또는 다이어트 식품으로 알려지면서 인기를 얻고 있다. 이제 경제적 규모면에서나 문화적 상황으로 보아 일본인들의 식생활에서 당당히 한 부분을 차지하면서 대량생산되어 슈퍼마켓이나 백화점, 시장에 공급되고 있다. 김치가 일본인에게 호응을 얻는 이유는 여러 가지가 있으나 가장 중요한 요인은 복합 미묘한 향미와 마늘 · 고추 등으로 강조되는 김치의 건강 기능성 때문으로 분석되고 있다.

한편 일본에서 일본인을 위하여 생산 유통되고 있는 김치, 즉 일본식(풍) 김치의 시작은 아사즈케에서 출발하였다. 이것은 발효 과정을 거치지 않은 배추절임이다. 아사즈케에 타래(고추 조미액 또는 고추조미 양념)를 넣어 버무린 것을 타래김치, 아사즈케김치 또는 조선즈케김치라고 불렀다. 그 후 1975년대에 이르러 마늘 · 무 · 대파 등을 다지거나 잘게 채 썬 것에 절인 배추와 김치타래(김치용 고추조미양념)를 혼합하여 절인 배추김치가 만들어졌으며 이를 일본식 '본격김치'라고 부르고 있다.

최근에는 일본식 김치에 젓갈까지 넣은 김치, 즉 한국식 김치의 생산량도 증가하고 있다. 향신료의 경우 마늘 · 파 등의 사용이 한정되었으나, 고추 사용량과 함께 마늘 사용량도 많아지는 경향이 있다. 그리고 양념과 발효를 제대로 갖춘 순수 한국식 숙성 김치의 생산과 소비가 더 늘어나고 있다. 일본식 본격김치라고 불리는 김치 역시 한국김치에 지나지 않는다.

일본에서의 상품 김치의 종류는 주로 배추김치 · 오이김치 · 깍두기가 있으며 이 중 배추김치가 거의 70% 정도를 유지하고 있다. 기타 김치로는 총각김치 · 파김치 등이 있으며 최근에는 총각김치 수요가 늘어나는 경향이다. 상품김치는 한국식당(불고기집 등), 술집, 기타 외식업소에서 곁들임 음식으로, 또는 가정용 등으로 소비된다. 일본에서는 우리나라에서와 같이 김치 자체를 직접 먹기도 하지만 각종 조리식품의 중간 재료로도 다양하게 이용하고 있다.

이제 중국으로 건너간 우리의 김치를 한 번 살펴보자.

중국 역시 최근에 일고 있는 한류와 한국드라마 등의 영향으로 김치 선호도가 높아지고 있다. 특히 김치가 건강식품이라고 알려지면서 백화점이나 시장, 편의점 등에서 판매되고 있다. 원래 중국에는 파오차이가 있었기 때문에 한국파오차이라고 부르고 있다. 1990년대까지는 주로 한국교포 또는 조선족 사이에서 가정단위로 생산하는 규모였으나 2003년부터 공장에서 생산하는 김치가 크게 늘어나고 있다.

특히 한국인이 경영하는 우리 기업체의 제조업체들이 중국 큰 도시 중심으로 진출하여 대량 생산하고 있다. 이 상품들이 중국 내 소비는 물론, 한국 쪽으로 역수출하고 있는 상황이다. 최근에는 중국김치가 김치 종주국인 한국으로 수출되는 물량도 대단히 많다. 어떤 형태든지 김치 종주국인 우리나라가 김치를 수입한다는 것은 문제가 아닐 수 없다.

원래 중국은 지역이 넓고 다수의 민족이 살고 있어서 도시나 지역마다 식문화의 차이가 심하다. 김치의 주요 소비는 북경, 청도, 상해 등의 도시를 중심으로 이루어지고 있으며, 동북 3성에서도 다소 소비되고 있다. 김치는 중국의 파오차이와는 특성상 차이가 있으므로 전형적인 한국 김치의 소비가 지속적으로 증가할 전망이다.

중국 내에서 생산되는 김치는 사용 재료와 담금 방법에 따라 품질의 차이가 있다. 특히 배추와 고추의 경우 한국에서 재배하는 품종들이 김치 가공에 적합하고 김치 품질이 더 좋다고 알려져 있다. 그러므로 한국에서 도입한 품종과 이들의 재배 적지(適地) 선정이 중요 과제 중의 하나이다. 중국에서 생산되는 김치는 대체로 물이 많고 싱거우며 무른 조직감을 지니고 있다.

·12·

김치는 위대한 문화유산, 발효 식품의 걸작품

"담근 장아찌[得醬]는 여름철에 먹기 좋고

소금에 절인 김치[漬鹽]는 긴 겨울 반찬되네"

- -고려시대 이규보(李奎報)가 지은

『동국이상국집(東國李相國集)』의 「가포육영(家圃六詠)」에서

"이들 모두가 종합적으로 작용하여 김치라는 세계 5대 건강식품이 탄생되고 김치를 기반으로 하는 전통적인 김장문화가 유네스코 인류무형문화유산으로 지정되었을 것이다. 김치는 문화적으로, 관능적으로, 영양학적으로, 그리고 건강기능성에서 우리 겨레의 위대한 유산이요 우리의 욕구를 충족시키는 아주 우수한 힐빙(힐링+웰빙) 식품이 아닐 수 없다.

우리가 김치를 더 먹어야 하는 이유는 바로 이 모든 것에 있다."

- 이 책 12장의 본문 마지막 문단에서

전통 김치무리의 탄생과 김치의 완성

이제 김치무리의 탄생에 대해서 살펴보자.

김치의 원형이자 원시적인 김치무리가 탄생한 것은 원삼국 시대 이전이라고 추정하고 있다. 한반도에서는 유감스럽게도 부족국가 시대의 채소류에 대한 고고학적 유물이나 문헌이 거의 발견되지 않고 있다. 하지만 이웃나라 중국의 『삼국지』「위지동이전」(290년경)에는 마한의 금수초목이 중국과 거의 같다는 기록이 있고, 중국의 『시경』(기원전 1000~600년경)에도 채소밭이 있었다고 기록되어 있다. 따라서 한반도나 중국에서는 그 시기에 이미 여러 가지 채소를 채집하거나 수확해서 먹었음을 짐작할 수 있다.

한편 『삼국유사』에 나오는 신라시조 박혁거세의 전설에는 박이 나오고 있으며 단군 건국신화에는 마늘과 쑥이 등장하고 있다. 더욱 중요한 것은 『삼국사기』「고구려 본기 동명성왕」의 내용이다. 주몽 왕이 비류수 상류에 있는 사람들이 채소를 먹고 있음을 알았다는 기록이 있다. 이와 같은 여러 가지 내용들로 미루어 살펴볼 때 삼국 시대 이전 또는 부족국가 시대에도 마늘 · 쑥 · 박 · 달래 등의 채소들을 먹었음을 쉽게 짐작할 수 있다.

농경이 시작되면서 채소나 곡식의 먹는 방법이 다양하게 나타났으며 식품의 저장 방법도 출현하게 되었다. 식생활문화사와 역사 관련 학자들은 중기 및 후기 신석기 시대의 토기를 특별히 주목하고 있다. 그 까닭은 그 시기에 곡물이나 기타 식품 재료를 보관하는 저장용 토기가 발견되었기 때문이다. 토기들의 일부는 원시농경으로 생산된 곡물을 저장하거나 자연건조 또는 소금에 절인 채소들을 저장하였을 것이라고 추정하고 있다.

이미 이 시대에 식품 조리와 저장을 위해서 소금이 이용되었을 것으로 추측하고 있다. 한반도 주변 지역의 상황으로 보아 소금으로 절임해서 채소를 저장하였다는 추정이 충분히 가능하며 부족국가 시대에도 자연스럽게 원시적인 김치무리를 만들어 먹었을 것으로 판단하고 있다. 그러므로 한반도에서의 원시 김치무리 탄생은 거의 2000여 년 전이 된다는 결론이 나오게 된다.

오래전 삼국 시대 또는 그 이전에 한반도에 거주하던 사람들이 채소가 없는 겨울철을 대비하여 찾아낸 방법은 무엇이었을까? 그것은 자연건조 방법 외에 소금에 절이는 저장법, 즉 김치무리 담금이었을 것이다. 이것이 바로 채소 소금 절임식품이며 원시적인 김치무리였다. 한반도와 그 주변을 장악하고 있었던 고구려는 일찍부터 된장 등 삭히고 발효시키는 발효 기술이 성행하였고, 이것이 중국에까지 알려져 있었다. 중국의 고문헌 『삼국사기』에도 신라 신문왕 때 소금에 절인 식품이 많았다고 전하고 있다. 흥미로운 것은 과연 우리 문헌에는 언제 그런 기록이 나왔느냐는 것이다. 불행히도 한반도는 외국의 침입으로 전쟁이 빈번하여 관련 문헌이나 유물이 희귀하다. 그런 까닭으로 우리 문헌 중에 김치무리가 처음 나온 것은 긴 시간이 지난 후의 일이다.

고려 시대에 비로소 그런 내용들이 나타나고 있는데, 특히 이규보(서기 1168~1241년)가 지은 『동국이상국집』의 「가포육영」이란 시에 집 안 텃밭에서 거둔 '순무〔菁〕'에 대한 다음과 같은 구절이 있다.

> "담근 장아찌[得醬]는 여름철에 먹기 좋고
>
> 소금에 절인 김치[漬鹽]는 긴 겨울 반찬 되네"

이 시를 보면 고려 시대 사람들이 김치무리를 모두 즐겨 먹었다는 사실을 짐작할 수 있다. 이미 고려 시대에는 다양한 채소가 재배되었고 재배 기술도 크게 발전하여 채소류가 풍부하고 양념류의 사용도 다양하게 늘어났다.

조선 시대 전기의 김치 재료와 종류는 어숙권의 『고사촬요』(1554년), 허균(1569~1618년)이 편찬한 『도문대작』 등에서 그 내용을 짐작할 수 있다. 특히 김치에 사용된 무 · 오이 · 생강 · 마늘 · 갓 · 가지 등의 재료들이 소개되고 있다. 그리고 다양한 채소들에 의한 소금 절임식품이 일반화되었음을 알 수 있다.

또한 『도문대작』의 「치농편」에는 '숭(菘)'이라는 이름의 원시형 배추도 나오고 있음을 주목할 필요가 있다. 그때까지는 가지나 오이, 무가 주재료로 이용되었으나 원시형의 배추김치무리도 있었을 것으로 판단된다. 그러나 문헌에서는 1760년에 유중임이 편간한 『증보산림경제』에서 비로소 배추의 재배와 배추김치〔숭채저〕에 대하여 자세히 나온다.

이때부터 우리는 계절에 따라 다양한 김치를 담가서 먹었다. 이른 봄철에는 냉이김치 등을, 여름철에는 오이소박이 등을, 가을에는 가지김치 등을, 겨울에는 배추김치 · 동치미 · 총각김치 등을 담가 먹었다. 계절에 따라 그때그때 이용할 수 있는 재료들을 중심으로 김치를 담금하였던 것이다.

여기에서 눈여겨볼 중요한 사실은 언제 김치가 오늘날의 것으로 변모하고 완성되었느냐 하는 것이다. 대체로 그것은 조선 시대 후기라고 판단하고 있다. 기존의 김치무리에서 배추, 그리고 고추를 위시한 다양한 향신료와 조미료의 활용으로 비로소 완성되었다고 할 수 있다. 특히 김치에 고추를 사용하였다는 사실이 중요하다. 이와 관련된 내용은 실학자 이수광의 저서 『지봉유설』(1614년)과 유중임의 『증보산림경제』에 자세히 기록되어 있다.

우리나라의 고추 전래설에는 몇 가지가 있지만 어느 것도 명확하지 않다. 임진왜란 전후 어느 시기에 고추가 들어왔다는 설이 있다. 그러나 이보다는 훨씬 전일 것이라는 주장도 있다. 고추가 도입된 후 바로 우리 음식조리에 사용하지 않았던 것은 분명한 것 같으며, 『지봉유설』 등의 책에서 비로소 고추가 음식 재료로 사용되었다는 기록이 나타나고 있다. 그 후 『증보산림경제』에서 고추 재배가 일반화되어 이를 김치에 사용하였다는 획기적인 사실이 기록되고 있다. 물론 문헌의 내용보다는 실제로 사용한 시기는 훨씬 이전일 것이다.

동북아시아의 한국 · 일본 · 중국 세 나라는 거의 비슷한 시기인 16세기 전후에 고추가 전래되었다고 말하지만, 우리나라만이 고추를 적극적으로 음식에 사용하였다는 사실이 흥미롭다. 중요한 사실은 고추를 사용한 후 우리 음식조리

부문에 대변혁이 일어났다는 것이다. 김치 외에도 고추장 등 모든 음식에 고춧가루가 사용되었다. 갑자기 음식이 붉어지고 매운 맛으로 변한 것이다. 특히 김치의 외관과 맛이 비로소 완성되어 오늘날과 같은 특성을 갖추게 되었다.

고추의 등장으로 우리 음식문화가 획기적인 변화를 맞게 된 것은 실로 놀라운 일이다. 고추를 김치와 고추장에 사용한 것은 선조 어머니들의 위대한 발명이라고 할 수 있다. 음식에 고추를 처음 도입한 것은 붉은색과 매운맛에 대한 선조 어머니들의 정성과 실험정신이 창출해 낸 지혜의 소산이다.

이러한 김치 관련 음식문화를 고려할 때 우리의 김치가 다른 나라의 채소 절임식품과 확연하게 구별됨을 알 수 있다. 이 차별화에 가장 크게 기여하는 것은 바로 고추와 마늘 등 다양한 향신료의 사용이다. 그리고 주재료 · 향신료 · 조미료 · 기타 부재료에 의한 재료의 다양성, 유산균 발효, 영양과 건강 효능이 과학적으로 우수하다는 사실이다.

한편 이러한 김치문화의 형성과 발전은 역사적으로 여러 가지 환경의 영향을 받았을 것이다. 여러 환경 요인 가운데 중요한 것들을 살펴보면 그림 12-1의 내용과 같다. 자연 환경, 농경 위주의 전통사회 환경, 선조들의 기술 환경, 중국이나 이웃 간의 문화 교류 등이라고 할 수 있다. 아마도 이들 환경 요인들이 개별적으로 김치문화 발전에 기여하면서 요인들 상호 간에도 역동적으로 작용하였을 것이다.

이 이야기를 여기서 정리해 보기로 하자. 한반도에 원시적인 김치무리가 출현된 것은 거의 2000여 년 전일 것이다. 그리고 시대의 변천과 문화 환경의 변화에 따라 발전을 거듭하였으며, 조선 후기 1760년 유중임의 『증보 산림경제』

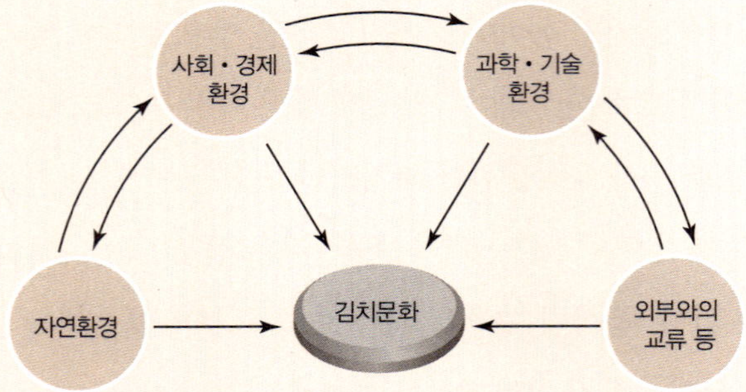

그림 12-1 | 김치문화 발전에 관여한 여러 가지의 환경 요인들

가 나온 시기 이전에 이미 배추 · 무 등과 고추 · 마늘 등을 이용하여 김치를 담갔으며 거의 오늘날과 같은 김치와 김치문화가 완성되었을 것이다. 더 시간이 지나서 1816년 정학유의 『농가월령가』가 출간되었던 시기 이전에 이미 김장이 연중행사의 하나가 되어 있었다. 이어 1835년에 이르러 서유구의 『임원십육지』에서 김치와 김장에 대한 내용이 구체적이면서도 상세하게 정리되어 기록되었다. 『농가월령가』와 『임원십육지』에 대해서는 다음에서 자세하게 살펴볼 것이다.

전통 김장문화

최근에 김장문화가 유네스코 인류무형문화재에 등제되었다. 이를 계기로 우리는 김치와 김장문화에 대해 좀 더 자세히 살펴볼 필요가 있다. 오늘날에 와서는 크게 달라졌지만 전통사회에서는 김장이 연중 큰 행사였다. 이에 대한 기록이 많지만 그 중에 정학유가 지은 『농가월령가』 「11월조」에는 이런 내용이 나온다.

> "시월은 맹동이라 입동소설 절기로다
> 나뭇잎 떨어지고 고니소리 높이 난다
> 듣거라 아이들아 농공을 필하도다
> 남은 일 생각하며 집안 일 마저 하세
> 무 배추 캐어 들여 김장을 하오리다

앞 냇물에 정히 씻어 함담(鹹淡)을 맞게 하소

고추 마늘 생강 파에 젓국지 장아찌라"

전통사회의 어머니들은 초겨울 김장철이 되면 무척 분주하게 배추와 무, 고춧가루와 젓갈 등 여러 가지 재료들을 준비하였다. 미리 김장독과 김장 도구를 깨끗이 씻어두고, 할머니들에게서 배운 김치 담금 방법과 저장 방법을 꼼꼼하게 점검하였다. 김장을 하는 당일에는 가족은 물론, 이웃사람이 함께 모여 여러 가지 김치를 담금하였으며, 담근 김치는 김치 독에 넣어 땅에 묻어 저장하였다.

전통사회에서의 가정에서는 김치 담금의 관습이 대대로 이어져 왔다. 가정마다 치르는 김치 담금의 독특한 기술은 그림 12-2와 같이 전승과 교류체계를

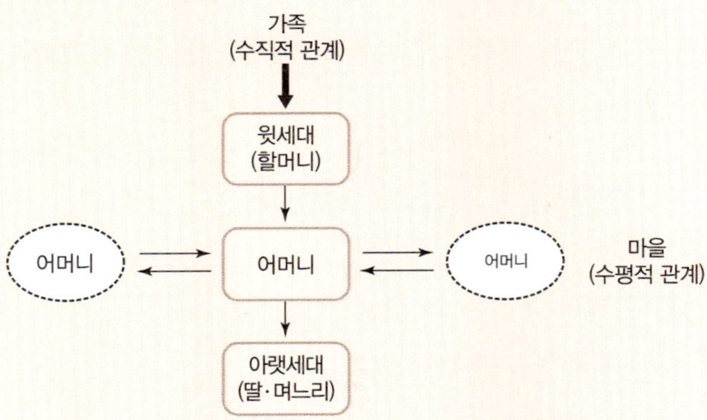

그림 12-2 | 전통사회에서의 김치 교류와 전승 체계

유지하면서 발전되었다. 즉 할머니에서 어머니로, 다시 딸과 며느리에게로 이어졌다. 즉 전통사회의 가정에서는 가족 간의 수직 관계로 이어지는 김치 담금 기술의 전승 체계(수직적 전승 체계)가 있었던 것이다. 이뿐만 아니라 김장 행사는 이웃사람들이 서로 품앗이를 하며 도왔다. 이 과정에서 김치 담금 기술이 수평적으로 서로 교류(수평적 교류 관계)되기도 하였다. 이처럼 김치문화, 특히 김장 문화는 독특한 전승과 교류 관계를 통해 발전해 온 어머니의 문화라고 할 수 있다.

언제나 김치를 담그는 어머니들은 대단한 정성과 솜씨로 김장 행사에 임하였다. 음식이 곧 약이라는 식약동원의 사고방식과 어버이에게 효도하며 섬긴다는 사친효양 사상을 지니고서 김치를 담금하였다. 이처럼 김치는 어머니의 정성과 솜씨가 결집된 어머니의 특별한 음식이었다.

김치는 어느 것이나 공통적인 특성을 지니고 있다. 그러나 전통사회에서 김치를 담그는 어머니에 따라 방법과 그 맛이 서로 달랐다. 주재료의 선택, 부재료의 종류와 사용 방법, 담금 절차에 따라 다양성과 개성이 있었다. 김치가 본질적으로 예술성과 창작성을 지니고 있다고 함은 바로 이러한 다양성과 개성에 연유하고 있다고 할 것이다.

서유구의
『임원십육지』에 담긴 김치류

김치가 오늘날과 같은 화려한 모습으로 완성된 것은 앞에서 잠시 살펴본 것처럼 배추와 고추 등의 다양한 향신료가 활용된 조선 후기라고 추정하고 있다. 이에 대한 내용을 서유구의 저서 『임원십육지』를 통해 자세히 살펴보기로 한다(그림 12-3 참조).

이 책을 편간한 서유구는 조선 후기의 실학사상의 선구자로, 실학사상의 전개와 국학의 발전에 크게 기여한 것으로 유명하다. 그의 학문적 토대는 아버지의 학문, 즉 가학(家學)의 영향을 받았으며 실학자 박지원 등의 북학파의 영향도 크게 받았다. 특히 그는 농학에 바탕을 둔 실용과 실증의 학문에 이바지하였다.

『임원십육지』는 1800년대 우리나라 농학, 임학, 의학 등의 내용을 광범위하게 수록한 책이다. 요리와 식품가공에 대한 부분도 비교적 상세히 소개되어 있다. 서유구가 평소 농서를 수집 연구하고 또 만년에 농사를 직접 지으며 체험한 내용이 많이 반영되어 있다. 체험 외에 아버지의 『해동농서』, 홍만선의 『산림경제』, 유중임의 『증보산림경제』 등 여러 국내 농서와 중국 문헌 등도 참조하였다.

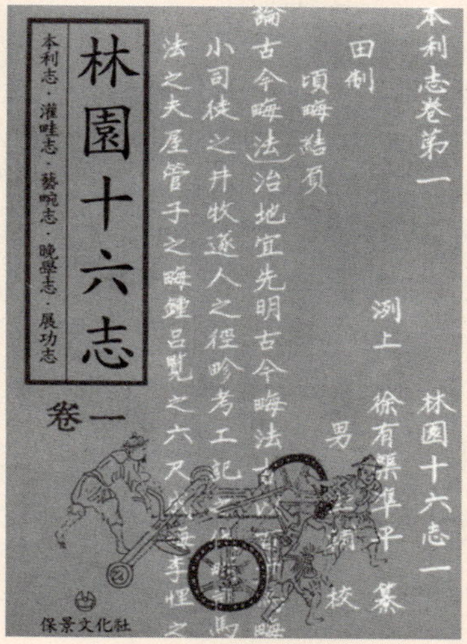

그림 12-3 | 서유구의 『임원십육지』의 표지

『임원십육지』는 총 52책으로 되어 있으며 「본리지」, 「관휴지」, 「정저지」, 「예규지」 등 모두 16개 분야로 구성되어 있다. 그중에 「정저지」의 제4권 「교여지류」(채소류의 저장 가공품)에는 표 12-1에서와 같이 5종의 김치무리가 정리되어 있다. 오늘날의 각종 김치는 표에서의 5종 가운데서 저채류에 해당되며, 조선 후기 서유구의 시대 이전에 이미 무 · 배추 · 오이 · 가지 등의 다양한 김치를 먹었던 것이다.

『임원십육지』에서 기술된 저채류, 즉 김치류는 모두 11종이다. 무김치류에는 첫서리가 내린 후의 무김치, 초겨울의 동치미, 봄철의 무청김치, 여름철의 무통김치 등으로 구분하고 있다. 그 시기에는 배추김치의 경우, 한 종류만 기술되어 있어서 무김치나 가지김치보다 다양화되지 않았던 것으로 판단된다.

표 12-1 | 『임원십육지』의 「정저지」에 정리된 김치무리

- 저채류[또는 침채류]: 지금의 김치류
- 엄장채: 지금의 절임류이며 장아찌의 일종
- 식향채: 향채를 특별히 사용하여 향기가 독특한 김치무리
- 자채: 생선을 소금, 밥, 누룩과 발효시켜 신맛을 낸 김치무리
- 제채: 저채류와 비슷하나 가늘게 썬 김치무리

이들의 담금 방법은 소금물에 담금하는 염지법, 각종 양념류와 함께 담금하는 일반적인 방법들이 있다.

한편 오이로 담금하였던 김치류에는 황과담저법의 오이소박이와 용인과저법의 오이지가 소개되어 있다. 가지김치에는 겨울용 가지통김치의 동월작가저법과 여름용 가지소박이의 하월작가저법이 있으며, 이들은 거의 오늘날의 것들과 비슷하게 담금하였다.

여기서 살펴보아야 할 것은 김치 명칭에 관한 것이다. 옛날 문헌에서 흔히 사용하였던 이름은 '저(菹)'라는 용어였다. 그러나 『임원십육지』에서는 김치무리를 '저채(菹菜)'라는 이름으로 통일하였으며 이전에 여기저기서 쓰였던 침채(沈菜)는 저채에 속한다. 침채는 1600년대의 '주방(酒方)'이라는 문헌에 처음 나왔다. 이 침채가 '딤채'로, 그리고 이것이 구개음화되어 '김채'가 되고 다시 김치로 전환되었다.

새로운 김치문화의 등장과
김치의 산업화

전통사회에서의 김치문화가 최근에 와서는 어떻게 변화하고 있을까? 옛날부터 김치는 가정 단위에서 주로 담금하고 가정 안에서 소비되었다. 그러나 지금은 가정뿐만 아니라 공장에서 많은 양의 김치가 생산되어 상품으로도 판매되고 있다. 물론 김치가 산업적으로 생산되어 대량 상품화된 역사는 길지 않다.

김치가 기업적으로 처음 대량 생산된 것은 1970년대의 일이며 산업체의 단체급식용으로 공급되었다. 그 후 1980년대에 이르러 중동 파견 근로자를 위한 납품용 김치 생산에 이어 일본 수출용 김치 제품이 생산되기 시작하였다. 이때 비로소 공장 규모의 김치 제조 방법이 개발되어 활용되었다.

특히 1990년대에 들어와 경제 성장과 함께 국민 소득 수준의 향상, 주거환경과 식생활 양식의 변화 등에 따라 국내 일반 소비자들을 위한 김치 상품이 시장에 대량 출하되기 시작하였다. 아울러 일본 수출도 점차 활기를 띠기 시작하였다. 한편 1994년부터 대기업들이 김치 산업에 참여하면서 김치 생산 방식에서 급격한 변화가 일어나게 되었다. 즉 상품의 품질 관리가 체계적으로 이루어지면서 양질의 상품이 널리 시중에 유통되기 시작하였고, 김치 생산 업체의 수가 늘어나고 공장의 규모도 확대되었다. 그리고 이들을 뒷받침할 김치 관련 기초 연구와 응용연구도 활발하게 진행되었다.

최근에 이르러 많은 양의 김치가 공장에서 제조되고 있으며 이들은 가정과 외식업소(단체급식소, 식당 등)에서 소비되고 있다. 옛날 가정에서 담금하고 소비하는 단순 구조와 비교하면 생산과 소비 상황이 크게 달라진 셈이다. 생산된 김치 상품은 영업소(직판장)나 대리점, 백화점을 비롯한 대량판매처, 단체급식소, 군납 등의 다양한 경로를 거쳐 최종 소비자에게 공급된다. 유통되고 있는 김치 종류는 여러 가지가 있으나 인기가 있는 것은 (통)배추김치, 배추맛김치, 깍두기, 총각김치, 갓김치 등이다. 이들은 플라스틱포장, 유연필름포장, 병포장 등의 형태로 소비자에게 공급되고 있다.

한편 김치 세계화와 한류, 건강지향 등의 영향으로 김치는 이제 세계인의 상품이 되고 있다. 이러한 현상은 김치가 건강식품이라는 일반인의 인식도 크게 작용하였다. 그런 까닭으로 일본이나 미국 등지에서의 김치 수요도 조금씩 늘어가고 있다. 특히 우리나라의 경우 여성의 사회 참여 증대와 소득 수준 향상, 식생활의 변화 등으로 김치를 구매하여 섭취하는 경향이 증가하고 있다. 가정에서 상품김치를 구입해서 먹는 이유는 대체로 집에서 담그는 것이 번거롭고, 담글 시간이 없거나 사 먹는 것이 여러 가지 면에서 경제적이기 때문이다.

김치 생산업자들은 좋은 원료의 확보, 기술개발, 시설장비의 개선, 위생관리 등을 통해 김치 상품의 품질 고급화를 위해 많은 노력을 기울이고 있다. 최근에는 김치 상품의 다양화에 대한 여러 가지 시도 역시 이루어지고 있다. 김치 업체에서 70% 이상 생산하는 배추김치의 경우 재료별, 기능별, 숙성별로 제품화하여 소비자의 요구에 부응하도록 상품의 세분화를 시행하고 있다. 아울러 건강과 관련하여 영양이 강조되거나 건강 기능성이 강조된 김치도 나오고 있다. 특정 건강 기능을 강조한 김치, 한방 약제를 첨가한 김치, 해조류 및 기타 특수재료를 첨가한 김치 등이 그 예라고 할 수 있다.

유구한 역사를 지닌 전통김치는 오늘날에 이르러 크게 변하고 있다. 식생활 환경의 변화에 따라 품질의 고급화, 제품의 다양화, 영양과 기능성 향상, 간편성 등의 새로운 방향으로 발전하고 있다. 아직도 부족한 부분이 있으나 현대인의 식생활문화에 상응하는 새로운 김치문화가 등장하고 있는 것이다.

김치의 풍성한
맛과 영양과 건강 기능을 먹자

우리는 음식을 무엇으로 먹는가? 당연히 입으로, 코로, 눈으로 먹는다고 말한다. 입으로 먹으면서 다섯 가지 감각기관, 즉 오관으로 김치를 즐기고 있다. 식품학적으로 보았을 때 김치의 색깔과 향미, 조직감 등 관능적 특성을 먹는다고 해도 좋을 것이다.

우선 김치의 화려한 색깔이 시각적으로 우리를 유혹한다. 이어 김치의 향기가 순간적으로 후각을 자극한다. 양념에서 오는 향기와 발효 향기가 함께 어우러져 우리의 식욕을 돋운다. 그리고 그것을 입에 넣었을 때 혀에서 느껴지는 진한 맛들이 우리의 마음을 사로잡는다. 김치를 입에 넣어 씹을 때 아삭하게 느껴지는 조직감의 감동은 말할 것도 없다.

그래서 우리는 다섯 가지 관능적인 감각기관 중에서 시각과 후각으로 먼저 김치를 먹고 이어 미각, 촉각, 청각으로 먹는다고 해도 좋을 것이다. 시각은 색깔을, 후각과 미각은 향미를, 촉각과 청각은 조직감을 각각 느끼게 된다. 이와 같이 김치는 색깔과 향미와 조직감의 3요소에 의해 독특한 관능적 특성을 갖게 되며, 이 속성은 여러 가지 재료와 그 안에서 일어나는 발효 과정이 만들어 낸 작품이라고 할 수 있다. 즉 김치는 우리 선조들이 오래도록 자연과 식생활 환경을 고려하여 발전시킨 최적화 기술이라고 할 수 있다. 김치는 우리 선조들이 창안해 낸 오묘한 과학기술의 결정체라고 할 수 있는 것이다.

또한 김치는 미국의 저명한 건강과학 학술지 『건강(Health)』지가 발표한 세계 5대 건강식품으로, 배추와 갓과 같은 녹황색 채소와 마늘이나 고추와 같은 향신료, 다른 여러 재료들이 조합되어 갖가지 영양성분과 생리활성 성분들을 지닌다. 여기에 유산균 발효 작용이 추가되어 김치는 한 차원 더 높은 건강식품이 된다.

김치에는 특히 비타민과 미네랄과 식이섬유소들이 많다. 이들은 인체 내에서 생명작용 중에서 대사 조절 등의 역할을 담당하고 있는 중요한 영양소들이다. 비타민 중에서도 B군(B1, B2, 나이아신 등)과 C의 함량이 높다. 비타민 A도 많은 편이다. 미네랄은 칼슘과 철분이 주요 성분이고 비교적 많은 양의 수용성 및 불용성의 식이섬유소도 함유되어 있다.

또한 영양학적으로 김치는 당질과 단백질과 지방질 함량이 낮은 저열량 식품이자 다이어트식품이기도 하다.

한편 김치에는 여러 가지 생리활성물질이 다양하게 들어 있다. 이들은 질병 예방 기능, 질병회복기능, 노화 억제 기능, 인체의 생체 리듬 조절 기능 등 여러 가지 건강 기능성 역할을 한다. 김치는 항산화 및 노화(피부 노화 포함) 억제 효과, 돌연변이 억제 및 항암 효과, 동맥경화 억제, 혈전 용해성, 항비만 기능성(다이어트 효과), 면역 활성 증진 작용, 항균 작용 등의 건강 기능성이 있다.

김치가 다양한 건강 기능성을 갖는 까닭은 그 자체가 함유하고 있는 여러 종류의 생리활성물질들 때문이다. 이 물질들은 원래 재료에 존재하였던 것(재료 기원)과 발효에 의해 새롭게 생성된 것(발효 기원)으로 나누어 살펴볼 수 있다. 재료 기원의 건강 기능성 물질은 카로티노이드, 플라보노이드, 캡사이신, 알릴설파이드, 아스코르브산, 식이섬유소 등이다. 발효 과정에서 생성된 것으로는 유산균이 중요하고 이어 아세틸콜린, 덱스트란, 유산, 글리코펩타이드, 박테리오신 등의 성분들이 있다. 김치 유산균 역시 항돌연변이 및 항암 효과를 지니고 있으며 유해 세균들에 대한 항균 작용과 정장 작용이 있다. 이외에도 김치 속에는 아직도 모르고 있는 물질과 밝혀지지 않은 건강 기능성이 더 많이 있을 것으로 판단된다.

이들 모두가 종합적으로 작용하여 김치라는 세계 5대 건강식품이 탄생되고 김치를 기반으로 하는 전통적인 김장문화가 유네스코 인류무형문화유산으로 지정되었을 것이다. 김치는 문화적으로, 관능적으로, 영양학적으로, 그리고 건강 기능성에서 우리 겨레의 위대한 유산이요 우리의 욕구를 충족시키는 우수한 힐빙(힐링+웰빙) 식품인 것이다.

우리가 김치를 더 먹어야 하는 이유는 바로 이 모든 것에 있다.

참고문헌

Andrew Weil 저, 권상미 역: 『건강하게 나이 먹기』, 문학사상사, (2007)

Charles B. Heiser, Jr 저, 장동현 역: 『문명의 씨앗, 음식의 역사』, 가람기획, (2000)

Cheigh, C. I., Choi, H. J., Park, H., Kim, S. B., Kook, M. C., Kim, T. S., Hwang, J. K. and Pyun, Y. R.: 'Influence of growth conditions on the production a nicin-like bacteriocin by *Lactococcus lactis subp. lactis* A 164 isolated from kimchi,' J. Biotechnol. 95, 225(2002)

Cheigh, H. S.(최홍식) and Park, K. Y.: 'Biochemical, Microbiological, and Nutritional aspects of Kimchi(Korean fermented vegetable products)'. Critical Reviews in Food Science and Nutrition, 34(2):175-203, (1994)

Cheigh, H. S.(최홍식), Yu, R. N. Choi, H. J. and Jun, H. K.: 'Ascorbic Acid by microorganisms in kimchi fermentation process'. J. Food Sci. Nutr, 1(1), 37(1996)

Cheigh, H. S.(최홍식), Song, E. S. and Jeon, Y. S.: 'Changes of chemical and antioxidative characteristics of chlorophylls in the model system of mustard leaf Kimchi during fermentation.' J. Korean Soc. Food Sci. Nutr. 28(3), 520-525(1999)

Choi, H. J., Cheigh, C. I., Kim, S. B.,and Pyun, Y. R.: 'Production of nicin-like bacteriocin by *Lactococcus Lactis subp. lactis* A 164 isolated from kimchi',, J. Appl. Microbiol., 88, 563(2000)

Choi, S. H.: 'Effect of kimchi pill supplementation on plasma lipid concentration'., Dept. Food science and Nutrition. Pusan National Univ. M.S. thesis, Korea(2000)

Choi, Y. S.: 'Improvement of antioxidative activity of mustard leaf kimchi by the addition of optional ingredients'. Dept. Food science and Nutrition. Pusan National Univ. M.S. thesis, Korea(1999).

Fleming, H. P.: 'Fermented vegetables' in Fermented Foods, (Economic Microbiology, Vol. 7), Academy Press, New York, 27(1982)

Han, J. S., Cheigh M. J., Kim, S. J., Lee, S. H. and Park, K. Y.: A study on wooung(Burdock, Arctium lappa, L) kimchi - changes in chemical, microbial and sensory characteristics and volatile flavour components in wooung kimchi during fermentation, J. Food Sci. Nutr. 1, 30(1996).

Helen Nearing 저, 공경희 역: 『소박한 밥상』, 디자인하우스, (2001)

Hwang, J. W. and Song, Y. O.: The effects of solvent fractions of Kimchi on plasma lipid concentration of rabbit fed high cholesterol diet. J. Korean Soc. Food Sci. Nutr. 29(2). 204-210(2000).

Jeon, H. N.: 'Effect of kimchi solvent fraction on lipid profile in organs of rabbit fed cholesterol diet'. Dept. Food science and Nutrition. Pusan National Univ. M.S. thesis, Korea(2000)

Kim, B. K. et al: :Antioxidative effects of kimchi under different fermentation stage on radical-induced oxidative stress, Nutrition Research and Practice, 8(6), 638(2014)

Kwon, M. J., Chun, J. H., Song, Y. S. and Song, Y. O.: Daily kimchi consumption and its hypolipidemic effect in middle-aged men. J. Korean Soc. Food Sci. Nutr., 28(5), 1144-1150(1999)

Kwon, M. J., Song, Y. S. and Song, Y. O.: 'Antioxidative effects of kimchi ingredients on rabbits fed cholesterol diet'. J. Korean Soc. Food Sci. Nutr. 27(6), 1189-1196(1998)

Lee, K. E., Choi, U. H. and Ji, G. E.: 'Effect of kimchi intake on the composition of human large intestinal bacteria,' Korean J. Food Sci. Technol., 28, 981(1996)

Lee, S. Y.: 'Anti-aging effects of kimchi diet in senscence accelerated mice(SAM P-8)'. Dept. Food science and Nutrition. Pusan National Univ. M.S. thesis, Korea(2001)

Lee, Y. O., Park, K. Y. and cheigh, H. S.(최홍식): 'Antioxidative effect of Kimch; with various fermentation period on the lipid oxidation of cooked ground beef', J. Korean Soc. Food Sci. Nutr. 25(2) 261-266(1996)

Oh, Y. J., Hwang, I. J. and Leitzmann, C.: 'Regular intake of kimchi prevent colon cancer', Kimchi Sci. Ind., 2, 9(1993)

Park, K. Y.: 'The nutritional evaluation, and antimutagenic and anticancer effects of kimchi'. J. Korean Soc. Food Nutr. 24, 169(1995)

Rebecca J. Donatelle저 김복현 역: 『토탈건강혁명』, 대경북스, (2007)

Rina Yu: 'Effect of dietary hot red pepper powder on humoral immune response in rats'. J. Korean Soc. Food Sci. Nutr. 24(6), 837-842쪽, (1995)

Ryu, B. M.: 'Effect of kimchi on inhibition of skin aging of hairless mouse.' Dept. Food science and Nutrition. Pusan National Univ. Ph. D. thesis, Korea(2000)

Ryu, S. H., Jeon, Y. S., Kwon, M. J., Moon, J. W., Lee, Y. S. and Moon, G. S.: 'Effect of kimchi ingradients to reactive oxygen species in skin cell cytotoxicity'. J. Korean Soc. Food Sci. Nutr. 26(6), 998-1105(1997)

Ryu, S. H., Jeon, Y. S., Kwon, M. J., Moon, J. W., Lee, Y. S. and Moon, G. S. : 'Effect of Kimchi extracts to reactive oxygen species in skin cell cytotoxicity'. J. Korean Soc. Food Sci. Nutr. 26(5), 814-821(1997)

Susan Stockton 저, 이범권 역: 『건강의 모든 것, 생체 환경』, 도서출판 해조음, (2007)

강인희 외: 『한국의 상차림』, 효일문화사, (1999)
강인희: 『한국의 맛』, 대한교과서(주), (1990)
구영조, 최신양: 『김치의 과학기술』, 한국식품개발연구원 기술신서 제2집, 도서출판 창조, (1991)
권순자 외: 『웰빙 식생활』, 교문사, (2008)
권오란: '한식의 기능성, 과학과 실제', 『식품산업과 영양』, 제16권 제2호, 11-14쪽, (2011)
권오상: '김치와 나트륨 저감화 정책', 2014국제김치심포지엄, 『김치의 과학, 산업 그리고 세계화』, 세계김치연구소 및 부산대김치연구소 공동주최, (2014)
김미경 외: 『생활 속의 영양학』, 라이프사이언스, (2005)
김상순, 최홍식, 변광의: 『食品加工貯藏學』, 수학사, (1990)
김상순: 『한국전통식품의 과학적 고찰』, 숙명여자대학교 출판부, (1985)
김선기, 청대성: '김치의 과학', 『食의 科學』, 9월호, 62쪽, (1994)
김숙희: 『무얼 어떻게 먹지』, 정우사, (2009)
김순동, 인신호, 김미정, 오영애: 'pH 조정제를 이용한 저염배추김치의 숙성 중 펙틴질의 변화', 『한국영양식량학회지』, 제17권 255쪽(1988)
김연경 등: '한국인의 김치섭취에 관한 연구', 『한국식생활문화학회지』, 제30권 제4호, 406쪽, (2015)
김연옥: 『한국의 기후와 문화』, 이화여자대학교 출판부, (1989)
김영일: '김치의 세계화 전략', 2014국제김치심포지엄, 『김치의 과학, 산업 그리고 세계화』, 세계김치연구소 및 부산대김치연구소 공동주최, (2014)
김현정, 이정진, 최미정, 최신양: '김치 원료의 amylase, protease, peroxidase, ascorbic acid oxidase 활성', 『한국식품과학회지』, 제30권 1333쪽, (1998)
농촌진흥청 국립농업과학원: 『한식과 건강』, 교문사, (2010)
농촌진흥청 농촌영양개선연수원: 『식품분석표』, 농촌진흥청, (1986)
류병호: 『식품과 생활습관병』, 동명사(서울), (2004).

맹원재 외: 『현대인의 식생활과 건강』, 건국대학교 출판부, (2000)
문갑순: '김치의 피부노화억제효과'. 부산대학교 김치연구소 심포지엄(1998)
문수재: '우리전통반상차림은 완벽에 가깝다', 『월간 식생활』, 1994년 1월 8-31쪽, (1994)
문현경, 정해랑, 조은영: '1990년도 국민영양조사에 따른 한국인의 사용식단분석', 『한국식생활문화학회지』, 제9권3호, 41-50쪽, (1994)
민태익, 권태완: '김치 발효에 미치는 온도 및 식염농도에 미치는 영향', 『한국식품과학회지』, 제16권 제4호, 443쪽(1984)
박건영: '김치의 영양, 기능성 및 항암효과.' 2000 日・韓 キムチ セミナー(2000).
박건영, 최홍식 : '김치유산균의 항돌연변이 및 항암효과'. 『생물산업』, 한국산업미생물학회. 제13권 제3호, 11-17쪽, (2000)
박완수: '김치의 세계일류 상품화 기술 개발', 『김치의 종주국과 김치의 수출방안』, 부산대김치연구소 및 한국김치협회 공동 주최 세미나 초록, 45쪽, (2005)
박종철(편): 『김치과학』, 산업자원부 지정 김치사업단 순천대센터, 푸른세상, (2007)
박채린: '한국의 김치문화와 김치의 문화적 특성', 『김치과학』(박종철 편), 김치사업단 순천대센터, 199쪽, (2007)
백인경: '대사증후군을 예방하는 한국인 건강 식사패턴 연구', 『식품산업과 영양』, 제16권 제2호, 45-48쪽, (2011)
변유량, 유명식, 조형용, 최동원: '염절임 및 열처리과정 중 배추의 물리적 특성과 조직의 변화', 『김치의 과학』, 한국식품과학회, 265쪽, (1995)
부산대학교 김치연구소, 세계김치연구소: 2014국제김치신포지엄, '김치의 과학, 산업 그리고 세계화', (2014)
부산대학교 김치연구소: 『김치의 과학과 기술』, 제1권~제18권(1995~2015)
森下敬一저, 최진호 역: 『세계의 장수식』, (주)교문사, (1993)
송영옥, 백영호: '김치 pill 섭취와 운동이 비만 여중생의 신체조성 및 혈중 지질에 미치는 영향', 『김치의 과학과 기술』, 제6권, 159쪽 (2000)

염초애, 장명숙, 윤숙자: 『한국음식』, 효일문화사, (1992)

유병팔: 『125세까지 걱정 말고 살아라』, 에디터, (1997)

유태종, 정동효: '김치의 공업적 생산을 위한 공업표준화에 관한 연구', 『한국식품과학회지』, 제6권 제호, 116쪽, (1974)

윤서석: 『韓國飮食』, 수학사, (1993)

윤숙자: 『한국의 저장발효음식』, 신광출판사(서울), (1997)

이기은, 최언호, 지근억: '김치의 섭취가 인체의 장내 세균에 미치는 영향', 『한국식품과학회지』, 제28권, 981쪽, (1996)

이명기: '김치미생물 이야기', 『김치』, 제1호, 90쪽, (2007)

이미숙: '한국장수인의 식사의 특징', 『식품산업과 영양』, 제16권 제2호, 27-33쪽, (2011)

이미영: '가공식품 중 나토륨 저감화', 『식품산업과 영양』, 제28권 제2호, 1쪽, (2015)

이서래: 『한국의 발효식품』, 이화여자대학교 출판부(서울), (1992)

이성우: 『한국식품문화사』, 교문사, (1984)

이우승: 〈韓國의 菜蔬〉, 경북대학교 출판부, (1994)

이정숙: '김치의 미생물 다양성', 『김치산업의 발전과 과학화』, 광주광역시 문화관광과, 60쪽, (2003)

이효지: 『한국의 김치문화』, 신광출판사, (2000)

정대성 저, 김경자 역: 『우리음식문화의 지혜』, 역사비평사, (2001)

조선일보: '한국인에게 빨간 고추는 불의 발견 못지않아', 2010년 10월 18일, A20 (2010)

조영수, 차재영: 『기능성식품학』, 동아대학교출판부, (2003)

조은주, 이숙희, 강갑식, 박건영: '배추김치 추출물의 in vivo 항암효과', 『한국식품영양과학회지』, 제28권 1326쪽, (1999)

조재선: 『김치의 연구』, 유림문화사, (2000)

조재선: 『식품재료학』, 향문사, (1996)

존 앨런 지음, 윤태경 옮김: 『미각의 지배』, 미디어 윌, (2013)

주영하: 『김치, 한국인의 먹거리』, 도서출판 공간, (1994)

채수완: '인체적용시험을 통한 한식 우수성 규명연구: 고혈압과 당뇨병 개선', 『식품산업과 영양』, 제16권 제2호, 15-26쪽, (2011)

최미정, 한지숙, 이숙희, 박건영: 우엉김치 재료배합비의 표준화, 『한국영양식량학회지』, 제27권 618쪽, (1998)

최성자: '한국 전통음식의 맛과 멋', -한국의 전래음식문화, 멋을 중심으로-, 한국식생활문화학회 추계학술심포지움, 27-33쪽, (1996)

최지명 외: '아밀로이드 베타에 의해 유도된 인지 및 기억능력 손상에 대한 김치의 보호효과', 『한국식품영양과학회지』, 제43권 제3호, 360쪽, (2014)

최홍식: '김치의 생화학적 특성'. 『동아시아식생활학회지』, 제5권 제2호, 89~99쪽, (1995)

최홍식 외: '농산자원 효용과 국민건강 증진을 위한 기능성 김치의 개발 및 상품화 연구', (부산대학교 김치 연구소 김치 연구보고서 자료), 과학기술처(1996)

최홍식, 송영옥: '김치의 항동맥경화 및 항노화 기능성', 2000 日 · 韓 キムチ セミナー, (2000)

최홍식, 황정희: '김치 및 김치 재료의 항산화성'. 『식품산업과 영양』 제5권, 제3호, 52-56쪽, (2000)

최홍식: 『김치 美人』, 도서출판 효일, (2001)

최홍식: 『김치의 담금과 가공저장』, 도서출판 효일, (2005)

최홍식: 『김치의 발효와 식품과학』, 도서출판 효일, (2004)

최홍식: 『식품과 현대인의 식생활』, 지구문화사, (1999)

최홍식: 『한국의 김치문화와 식생활』, 도서출판 효일, (2002)

최홍식: 『한국인의 생명, 김치』, 밀알, (1995)

최홍식: 『행복한 우리음식문화』, 자유아카데미, (2012)

하덕모: 『醱酵食品』, 문운당, (1994)

한국식품과학회: 『김치의 과학』, 심포지움발표논문집, (1994)

한국음식문화오천년전준비위원회: 『韓國飮食五千年』, 유림문화사, (1988)

한국인구보건연구원편: 『한국인의 영양권장량』, 교문사, (1989)

한홍의: '김치유산균의 생태', 『미생물과 산업』, 제17권 제3호, 68쪽 (1991)

한홍의: 『김치, 위대한 유산』, 도서출판 한울, (2010)

황정희, 송영옥, 최홍식: '적갓김치의 발효특성 및 항산화성', 『한국식품영양과학회지』, 제29권 29쪽(2000)